U0177896

大宗工业固体废弃物制备绿色建材技术研究丛书（第一辑）

高碳铬铁冶金渣
资源化综合利用技术

刘来宝　　张礼华　　唐凯靖 ◎ 编著

中国建材工业出版社

图书在版编目（CIP）数据

高碳铬铁冶金渣资源化综合利用技术/刘来宝，张礼华，唐凯靖编著．--北京：中国建材工业出版社，2020.6

（大宗工业固体废弃物制备绿色建材技术研究丛书．第一辑）

ISBN 978-7-5160-2899-5

Ⅰ．①高…　Ⅱ．①刘…　②张…　③唐…　Ⅲ．①碳素铬铁－冶金渣－资源化－综合利用－研究　Ⅳ．①TF641

中国版本图书馆 CIP 数据核字（2020）第 067678 号

高碳铬铁冶金渣资源化综合利用技术

Gaotan Getie Yejinzha Ziyuanhua Zonghe Liyong Jishu

刘来宝　张礼华　唐凯靖 ◎ 编著

出版发行：中国建材工业出版社

地　　址：北京市海淀区三里河路 1 号

邮　　编：100044

经　　销：全国各地新华书店

印　　刷：北京中科印刷有限公司

开　　本：787mm×1092mm　1/16

印　　张：11.25

字　　数：180 千字

版　　次：2020 年 6 月第 1 版

印　　次：2020 年 6 月第 1 次

定　　价：58.00 元

本社网址：www.jccbs.com，微信公众号：zgjcgycbs

请选用正版图书，采购、销售盗版图书属违法行为

版权专有，盗版必究。本社法律顾问：北京天驰君泰律师事务所，张杰律师

举报信箱：zhangjie@tiantailaw.com　　举报电话：(010) 68343948

本书如有印装质量问题，由我社市场营销部负责调换，联系电话：(010) 88386906

大宗工业固体废弃物
制备绿色建材技术研究丛书（第一辑）
编 委 会

顾　　问：缪昌文院士　　张联盟院士　　彭苏萍院士
　　　　　何满潮院士　　欧阳世翕教授　晋占平教授

主　　任：王栋民

副主任（按姓氏笔画排序）：
　　　　王爱勤　史才军　李会泉　肖建庄　钱觉时
　　　　崔源声　潘智生

编　　委（按姓氏笔画排序）：
　　　　王　强　　王群英　叶家元　刘来宝　刘　泽
　　　　刘晓明　李秋义　李　辉　沈卫国　宋少民
　　　　张文生　张亚梅　张作泰　陈　伟　卓锦德
　　　　赵计辉　段　平　段珍华　段鹏选　侯新凯
　　　　黄天勇　扈士凯　蒋正武　程芳琴　楼紫阳
　　　　潘永泰

序 一

FOREWORD 1

　　大宗工业固体废弃物产生量远大于生活垃圾，是我国固体废弃物管理的重要对象。随着我国经济高速发展，社会生活水平不断提高以及工业化进程逐渐加快，大宗工业固体废弃物呈现了迅速增加的趋势。工业固体废弃物的污染具有隐蔽性、滞后性和持续性，给环境和人类健康带来巨大危害。对工业固体废弃物的妥善处置和再生利用已成为我国经济社会发展不可回避的重要环境问题之一。当然，随着科技的进步，我国大宗工业固体废弃物的综合利用量不断增加，综合利用和循环再生已成为工业固体废弃物的大势所趋，但近年来其综合利用率提升较慢，大宗工业固体废弃物仍有较大的综合利用潜力。

　　我国"十三五"规划纲要明确提出，牢固树立和贯彻落实创新、协调、绿色、开放、共享的新发展理念，坚持节约资源和保护环境的基本国策，推进资源节约集约利用，做好工业固体废弃物等大宗废弃物资源化利用。中国建材工业出版社携同中国硅酸盐学会固废与生态材料分会组织相关领域权威专家学者撰写《大宗工业固体废弃物制备绿色建材技术研究丛书》，阐述如何利用煤矸石、粉煤灰、冶金渣、尾矿、建筑废弃物等大宗固体废弃物来制备建筑材料的技术创新成果，适逢其时，很有价值。

　　本套丛书反映了建筑材料行业引领性研究的技术成果，符合国家绿色发展战略。祝贺丛书第一辑获得国家出版基金的资助，也很荣幸为丛书作序。希望这套丛书的出版，为我国大宗工业固废的利用起到积极的推动作用，造福国家与人民。

中国工程院　院士

东南大学　教授

序 二
FOREWORD 2

习近平总书记多次强调，绿水青山就是金山银山。随着生态文明建设的深入推进和环保要求的不断提升，化废弃物为资源，变负担为财富，逐渐成为我国生态文明建设的迫切需求，绿色发展观念不断深入人心。

建材工业是我国国民经济发展的支柱型基础产业之一，也是发展循环经济、开展资源综合利用的重点行业，对社会、经济和环境协调发展具有极其重要的作用。工业和信息化部发布的《建材工业发展规划（2016—2020年)》提出，要坚持绿色发展，加强节能减排和资源综合利用，大力发展循环经济、低碳经济，全面推进清洁生产，开发推广绿色建材，促进建材工业向绿色功能产业转变。

大宗工业固体废弃物产生量大，污染环境，影响生态发展，但也有良好的资源化再利用前景。中国建材工业出版社利用其专业优势，与中国硅酸盐学会固废与生态材料分会携手合作，在业内组织权威专家学者，撰写了《大宗工业固体废弃物制备绿色建材技术研究丛书》。丛书第一辑阐述如何利用粉煤灰、煤矸石、尾矿、冶金渣及建筑废弃物等大宗工业固体废弃物制备路基材料、胶凝材料、砂石、墙体及保温材料等建材，变废为宝，节能低碳；第二辑将阐述利用工业副产石膏、冶炼渣、赤泥等工业固体废弃物制备建材的相关技术。丛书第一辑得到了国家出版基金资助，在此表示祝贺。

这套丛书的出版，对于推动我国建材工业的绿色发展、促进循环经济运行、快速构建可持续的生产方式具有重大意义，将在构建美丽中国的进程中发挥重要作用。

中国工程院　院士

武汉理工大学　教授

丛书前言

PREFACE TO THE SERIES

中国建材工业出版社联合中国硅酸盐学会固废与生态材料分会组织国内该领域专家撰写《大宗工业固体废弃物制备绿色建材技术研究丛书》，旨在系统总结我国学者在本领域长期的积累和深入的研究，希望行业中人通过阅读这套丛书而对大宗工业固废建立全面的认识，从而促进采用大宗固废制备绿色建材整体化解决方案的形成。

固废与建材是两个独立的领域，但是却有着天然的、潜在的联系。首先，在数量级上有对等的关系：我国每年的固废排出量都在百亿吨级，而我国建材的生产消耗量也在百亿吨级；其次，在成分和功能上有对等的性能，其中无机组分可以谋求作替代原料，有机组分可以考虑作替代燃料；第三，制备绿色建筑材料已经被认为是固废特别是大宗工业固废利用最主要的方向和出路。

吴中伟院士是混凝土材料科学的开拓者和学术泰斗，被称为"混凝土材料科学一代宗师"。他在二十几年前提出的"水泥混凝土可持续发展"的理论，为我国水泥混凝土行业的发展指明了方向，也得到了国际上的广泛认可。现在的固废资源化利用，也是这一思想的延伸与发展，符合可持续发展理论，是环保、资源、材料的协同解决方案。水泥混凝土可持续发展的主要特点是少用天然材料、多用二次材料（固废材料）；固废资源化利用不能仅仅局限在水泥、混凝土材料行业，还需要着眼于矿井回填、生态修复等领域，它们都是一脉相承、不可分割的。可持续发展是人类社会至关重要的主题，固废资源化利用是功在当代、造福后人的千年大计。

2015年后，固废处理越来越受到重视，尤其是在党的十九大报告中，在论述生态文明建设时，特别强调了"加强固体废弃物和垃圾处置"。我国也先后提出"城市矿产""无废城市"等概念，着力打造"无废城市"。"无废城市"并不是没有固体废弃物产生，也不意味着固体废弃物能完全资源化利用，而是一种先进的城市管理理念，旨在最终实现整个城市固体废弃物产生量最小、资源化利用充分、处置安全的目标，需要长期探索与实践。

这套丛书特色鲜明，聚焦大宗固废制备绿色建材主题。第一辑涉猎煤矸石、粉煤灰、建筑固废、冶金渣、尾矿等固废及其在水泥和混凝土材料、路基材料、地质聚合物、矿井充填材料等方面的研究与应用。作者们在书中针对煤电固废、冶金渣、建筑固废和矿业固废在制备绿色建材中的原理、配方、技术、生产工艺、应用技术、典型工程案例等方面都进行了详细阐述，对行业中人的教学、科研、生产和应用将具有重要和积极的参考价值。

这套丛书的编撰工作得到缪昌文院士、张联盟院士、彭苏萍院士、何满潮院士、欧阳世翕教授和晋占平教授等专家的大力支持。缪昌文院士和张联盟院士还专门为丛书写序推荐，在此向以上专家表示衷心的感谢。丛书的编撰更是得到了国内一线科研工作者的大力支持，也向他们表示感谢。

《大宗工业固体废弃物制备绿色建材技术研究丛书》（第一辑）在出版之初即获得了国家出版基金的资助，这是一种荣誉，也是一个鞭策，促进我们的工作再接再厉，严格把关，出好每一本书，为行业服务。

我们的理想和奋斗目标是：让世间无废，让中国更美！

中国硅酸盐学会固废与生态材料分会　理事长
中国矿业大学（北京）　教授、博导

前 言
PREFACE

工业固体废弃物资源化利用研究是面向生态文明建设与保障资源安全供给的国家重大战略需求，以"无害化、减量化、资源化"为主要原则，依托技术与创新驱动，实现钢铁、煤炭、化工、电力等行业的工业副产物高效再生利用，对促进我国经济社会可持续发展、建设美丽中国具有重要意义。

高碳铬铁冶金渣是埋弧电炉还原法生产高碳铬铁合金时产生的熔融矿渣，经渣盘自然冷却、磁选、重选和跳汰等方法选别合金和铬铁矿后剩余的固体废弃物。据现有工艺，每生产1t的铬铁合金，需消耗2.5~2.6t的铬铁矿，并产生1~1.2t的铬铁渣，主要矿物组成为橄榄石、尖晶石和铬铁矿等，化学组成的特点是氧化钙、氧化硅含量较低，而镁质、铬质组分较高。受技术资料不足、技术法规不完善等因素制约，铬铁渣的工程化利用一直存在着诸多阻碍，国内外尚以堆存和填埋为主，存在资源浪费和环境污染风险，已成为铁合金行业亟待解决的问题。

本书围绕高碳铬铁冶金渣的无害化处置与资源化利用这一核心问题，开展了高碳铬铁冶金渣来源与物理化学性质、环境风险评价与处置、利用现状以及存在问题等方面的应用基础研究（第一章，主要完成人刘来宝），完成了其作为混凝土普通集料在土木工程材料中的应用研究与工程实践（第二章，主要完成人刘来宝、唐凯靖、李素娥、李勇等），以及作为原材料在制备轻集料与轻集料混凝土（第三章，主要完成人张礼华、刘来宝）以及耐火材料、陶瓷材料等新产品的研究与开发（第四章，主要完成人刘来宝、张礼华）。

在编著本书的过程中，作者得到了东南大学张云升教授的悉心指导和大力帮助；作者带领的研发和技术人员刘川北、张韶华、张登科、朱德全等参与了部分实验、校对或文献资料查阅工作。承蒙众多学者和企业的大力支持，受益颇多，在此一并表示感谢。

借此机会，作者团队还特别感谢四川乐山鑫河电力综合开发有限公司、国电大渡河枕头坝水电建设有限公司、中国电建贵阳勘测设计研究院有限公司、四川省交通运输厅公路规划勘察设计研究院道桥试验研究所等单位对本书相关研究工作的支持。

作者将多年来对高碳铬铁冶金渣的研究成果以书籍的形式呈现给读者，期待为铬铁冶炼固废利用、无机非金属材料及土木工程材料的研究人员与工程技术人员提供学习和借鉴的资料。希望本书能抛砖引玉，推动铬铁冶金渣更深入、广泛的研究开发与应用技术推广，促进我国固废行业的健康可持续发展。

限于作者的知识水平和经验，书中难免存在不妥之处，敬请广大读者和专家批评指正。

编著者

2020 年 2 月 21 日

目 录
RPEFACE

1 绪论

1.1 铬铁合金行业简介

1.1.1 铬铁合金

铬铁合金是以铬和铁为主要成分的铁合金，是钢铁工业的重要原料，能显著改善钢和铸件的物理化学和机械力学性能，广泛应用于优质合金钢的生产。其中，高碳铬铁主要用作滚珠钢（0.5% ~ 1.45% Cr）、工具钢、模具钢（5% ~ 12% Cr）和高速钢（3.8% ~ 4.4% Cr）等钢种的合金剂，可提高钢的淬透性，增加耐磨性和硬度；中、低碳铬铁用于生产中、低碳结构钢和渗碳钢，可制造齿轮、高压鼓风机叶片、阀板等；微碳铬铁则多用于生产不锈钢、耐酸钢、耐热钢和电热合金等。

一般而言，铬铁合金含铬 55% ~ 75%，按含碳量可分为高碳（4% ~ 10% C）、中碳（0.5% ~ 4% C）、低碳（0.15% ~ 0.5% C）和微碳（≤0.15% C）四种铬铁，其中，高碳铬铁又称碳素铬铁，而中、低、微碳铬铁又称精炼铬铁。随着炼钢工艺的不断改进，高碳铬铁（炉料级铬铁）被大量用作冶炼不锈钢（AOD 或 VOD 法）的炉料，只需在后期加低、微碳铬铁调整成分，因此，铬铁生产重点是炼制高碳铬铁（又称碳素铬铁）。

进入 21 世纪以来，全球不锈钢工业以约 7% 的速度快速发展，中国不锈钢工业更是迅速崛起，已成为推动全球不锈钢增长的最主要动力之一。中国特钢企业协会不锈钢分会统计数据显示，截至 2014 年，中国不锈钢粗钢产量达到 2170 万 t，占世界不锈钢总产量的 52%，同比增幅达 14.3%。中国作为世界上不锈钢消费量最大的国家，为世界高碳铬铁企业提供了广阔的市场空间。同时，铁合金主要的下游行业——钢铁业，属于典型的周期性行业，其发展与宏观经济发展呈显著的正相关性，而铁合金行业波动与钢铁工业发展也呈正相关关系。

事实上，2013 年以前，我国的铁合金表观消费量保持了较快增长态势，而 2014 年，我国铁合金表观消费量为 3905 万 t，增长率已降至 0.7%。自 2015 年以来，随着钢铁市场呈现全面回落态势，粗钢和铁合金的产量不仅出现下降，而且目前降幅还在进一步扩大。我国铁合金行业经过多年的发展，经历了几轮优胜劣汰，目前集中度仍然很低，由此造成企业普遍没有实现规模经济，全行业对外"议价"能力较弱，利润空间较小且不稳定，这也是铁合金的生产和价格总是围绕粗钢上下波动的原因。高碳铬铁属于铁合金产业的分支，由于其产业规模较小，且铬铁产品为非终端产品，受上下游产业影响较大，故我国高碳铬铁行业技术进步非常缓慢。

1.1.2 行业现状与发展趋势

转炉冶炼不锈钢技术的进步和持续发展，促使不锈钢生产冶炼所必需的低碳铬铁逐步被高碳铬铁所取代，因此，现有铬铁合金产品中，高碳铬铁产量已占铬铁合金产品总量的 90% 以上，占绝对主导地位。目前，中国已是全球高碳铬铁最大的生产国和消费国，从市场和行业发展的角度讲，国内的高碳铬铁企业严重依赖国外的铬矿资源，且必须直面国内外企业的竞争，亟须新的发展和转变，我国铬铁合金行业呈现出能源与资源依赖，供需结构性矛盾两大主要特征。

1. 能源与资源依赖

世界铬矿资源较丰富，现已探明储量在 75 亿 t 左右，可开采储量约为 48 亿 t，主要分布在南非、哈萨克斯坦、津巴布韦等少数国家，而中国的铬矿资源极其匮乏。截至 2013 年年底，我国铬矿查明资源储量仅为 1141.95 万 t，铬矿资源对外依存度高达 98%。近些年来，我国已从印度转为主要从南非和土耳其进口铬矿，比重高达 75% 以上，至 2012 年，中国超过南非成为世界上最大的铬铁生产国。从自身利益出发，南非的铬铁企业强烈反对将本国的优质铬矿大量出口，这也促使南非政府一直考虑出台限制铬矿出口的政策。在可预见的一段时期内，中国将处于进口铬矿和进口铬铁相互竞争、此消彼长的博弈局面：一方面，中国铬铁生产企业新上改扩，对进口铬矿的需求不断增长；另一方面，高位铬矿价格不断吸引南非、哈萨克斯坦等地铬铁进入中国，而当前世界铬矿资源的形势复杂多变，将会进一步加剧我国高碳铬铁产业的稳定和可持续发展。

在国家宏观政策趋严调控下，高碳铬铁行业的高耗能、高污染的劣势，叠加激烈的市场竞争，将愈发突出。传统上，我国高碳铬铁企业的分布以能源、资源邻近为主，故在地域分布上趋向于水电充沛的西南、资源丰富的西北或者拥有资源和市场的华北地区。实际生产中，高碳铬铁冶炼电耗一般高于 3400kW·h/t，有的企业冶炼电耗甚至高达 4200kW·h/t，远达不到国家节能设计规范的指标要求（≤2800kW·h/t）。为遏制铁合金行业粗放式发展，促进产业结构升级，发展改革委自 2004 年年底起出台了铁合金准入制度，后来又多次进行了修改。按工业和信息化部《铁合金行业准入条件（2015 年修订）》要求，高碳铬铁应采用全封闭型，矿热炉容量≥25MVA。

无论是与南非、哈萨克斯坦等资源储备国，还是与其他铁合金生产国（韩国、美国和德国等）相比，我国铁合金行业在战略资源掌控能力和高端制造工艺等方面仍旧表现出较大的差距，亟待加强改善，应以此为战略方向展开工作，减少原料品种和来源过于集中的风险，逐步优化国内及国际产业布局，并在核心生产技术领域不断突破，持续提升自身在全球价值链中的地位。

2. 供需结构性矛盾

近年来，我国铁合金行业存在诸如产能大幅扩张，产能利用率持续走低，进口数量攀升，生产区域与消费区域分利等一系列矛盾。其中，最为典型的是铬铁，2017 年产量为 493.52 万 t，产能利用率仅为 38.54%。在产能分布上，西南和西北铬铁生产大省均为非消费地，而南方各省消费地的供给又严重不足。2010 年，我国仍大量进口铬铁 255.18 万 t，比产能最集中的内蒙古的产量还高 23.56 万 t，进口量占产量的比重高达 51.71%。具体到高碳铬铁来看（表1-1），仅 2017 年新增产能共计 243.3 万 t，产能分布呈现典型的能源、资源导向，多分布在西南、西北地区，其中，内蒙古新建或转产企业高达 22 家，产能合计占新增产能 85% 以上。如此，同质竞争、低水平重复建设已经对国内高碳铬铁市场产生了很大的负面影响，这也直接导致高碳铬铁行业市场疲软、价格下滑且持续低迷、企业亏损严重、设备开工率低。

展望未来，科研投入、技术进步、产业升级已成为中国高碳铬铁行业发展的必然选择，在今后较长的时期内，我国高碳铬铁行业将进入转型升级的新常态，技术创新、节能降耗、环境保护等问题将变得更加紧迫和严峻。而如何逐步转变发展方式，实现绿色、可持续的健康发展是高碳铬铁企业面临的首要问题。

表 1-1　2017 年国内高碳铬铁新增产能

地区	公司名称	新增矿热炉	新增产能（万 t）	备注
内蒙古	明拓集团	75000kVA 矿热炉×2	30	已投产
	内蒙古察右前旗鑫扬冶金化工有限公司	16500kVA 矿热炉×4	14.4	镍铁转产，已投产

地区	公司名称	新增矿热炉	新增产能（万t）	备注
内蒙古	巴彦拉尔金鼎合金有限公司（贵梅）	8000kVA 矿热炉×1 12500kVA 矿热炉×2	3.96	镍铁转产，已投产
	内蒙古乌拉特前旗新隆泰铁合金有限责任公司	12500kVA 矿热炉×1	2.52	硅锰转产，已投产
	内蒙古北洋铁合金有限公司	16500kVA 矿热炉×2	7.2	镍铁转产，已投产
	包头市升华资源科技有限公司	6300kVA 矿热炉×1	1.44	硅锰转产，已投产
	临沂市金蒙铁合金有限公司	12500kVA 矿热炉×1	2.52	镍铁转产，已投产
	内蒙古察右中旗西北化工有限责任公司	25500kVA 矿热炉×2	9.18	计划点火
	新钢联冶金有限公司	16500kVA 矿热炉×2 33000kVA 矿热炉×2 5000kVA 矿热炉×2	33.84	镍铁转产，已投产
	清水河县天泰化工有限责任公司	12500kVA 矿热炉×1 20000kVA 矿热炉×1	6.12	已投产
	内蒙古大唐隆德铁合金有限公司	12500kVA 矿热炉×3	7.56	镍铁转产，已投产
	张家口市下花园启航科技有限公司	25000kVA 矿热炉×1	4.32	镍铁转产，计划投产
	内蒙古鑫一冶金有限责任公司	20000kVA 矿热炉×2	10	新建，已投产
	内蒙古察右前旗永盛铁合金有限责任公司	18000kVA 矿热炉×2	8.19	镍铬合金转产，已投产
	呼和浩特市安利冶炼有限公司	12500kVA 矿热炉×2	4.5	硅锰转产，计划投产
	乌拉特前旗兴达冶金有限公司	12500kVA 矿热炉×1	2.52	硅锰转产，已投产
	化德县中泰镍铁有限公司	33000kVA 矿热炉×1 48000kVA 矿热炉×1	14.04	镍铁转产，计划投产

续表

地区	公司名称	新增矿热炉	新增产能（万t）	备注
内蒙古	鄂尔多斯市西金矿冶有限责任公司	25000kVA 矿热炉×2	9	硅锰转产，计划投产
	内蒙古察右前旗辰东化工有限责任公司	33000kVA 矿热炉×2	11.88	镍铁转产，计划投产
	天津金升冶金产品有限公司	12500kVA 矿热炉×1	2.52	硅锰转产，已投产
	乌兰察布卓资县新盛	25000kVA 矿热炉×2	9	镍铁转产，已投产
	四川远大聚华实业有限公司	33000kVA 矿热炉×2	12	新建，已投产
山西	绛县黄鑫铁合金有限公司	12500kVA 矿热炉×1	2.52	硅锰转产，已投产
	山西陆矿工贸有限公司	25000kVA 矿热炉×1	4.68	镍铁转产，已投产
四川	荥经创为通新材料有限公司	16500kVA 矿热炉×1	3.29	硅锰转产，已投产
	雅安巴南特种合金有限公司	22500kVA 矿热炉×1	3.96	新建，已投产
广西	广西铁合金有限责任公司	12500kVA 矿热炉×1	2.16	锰铁转产，已投产
	广西河池市宜州区湘桂冶金炉料有限责任公司	6300kVA 矿热炉×1	1.08	硅锰转产，已投产
甘肃	甘肃中泰国际贸易有限公司	12500kVA 矿热炉×1	2.16	已投产
河南	永城市福佳不锈钢制品有限公司	16500kVA 矿热炉×1	7.2	镍铁转产，已投产
贵州	贵州中水西南硅业有限公司	8000kVA 矿热炉×1	2.88	已投产
	贵州大龙南方硅业有限公司	12500kVA 矿热炉×1	2.16	已投产
	贵州玉屏有色冶金集团兴鑫炉料冶炼有限公司	12500kVA 矿热炉×1	2.25	新建，已投产
湖南	怀化中钰冶炼有限公司	12500kVA 矿热炉×1	2.25	金属硅转产高铬，已投产
总计		243.3（万t）		

1.1.3 机遇与挑战

多数冶金渣属于一般性大宗工业固体废物，随意堆放和填埋处置不仅占用大量土地资源，造成生态和环境的污染破坏，同时，也是一种严重的资源浪费。鉴于我国经济发展的现实，工业固废在原有存量没有得到处置和综合利用的情况下，很多新的增量还在不断的增加，使工业固废处理面临的问题更加严竣。自2018年以来，党中央国务院高度重视固体废物管理工作，启动了固体废物污染环境法的修订和执法检查相关工作，并在长江经济带等重点地区开展固体废物大排查，严格固体废物全过程的管理。2019年6月25日，十三届全国人大常委会第十一次会议在北京举行，《固体废物污染环境防治法（修订草案）》首次提请大会审议。草案中明确强调要"强化工业固体废物产生者的责任"，并对擅自倾倒、堆放、丢弃、遗撒工业固体废物等违法行为规定了严格的法律责任，且增加了按日连续惩罚的规定。自2018年1月1日实施的《中华人民共和国环境保护税法》明确规定，对固体废物排放征收5~25元/t的环保税，为工业固废的资源化利用，尤其是为高质量发展提供了新的机遇。

未来，工业固废综合利用高质量发展将依靠创新驱动来推动。为贯彻党中央《关于加快推进生态文明建设的意见》精神和党的十九大关于"加强固体废弃物和垃圾处置""推进资源全面节约和循环利用"的部署，根据《国务院关于改进加强中央财政科研项目和资金管理的若干意见》（国发〔2014〕11号）、《国务院印发关于深化中央财政科技计划（专项、基金等）管理改革方案的通知》（国发〔2014〕64号）、科技部、财政部关于印发《国家重点研发计划管理暂行办法的通知》（国科发资〔2017〕152号）等文件要求，科技部社会发展科技司于2019年3月13日发布了《"固废资源化"重点专项2019年度项目申报指南（征求意见稿）》，指南中明确指出，针对固废产量大、污染重的化工、冶金重点行业，研究绿色循环技术与源头减量的新技术，探索构建"无废型"绿色新流程。

从国家战略、行业现状以及企业的长远发展来看，在《固体废物污染环境防治法（修订草案）》明确"强化工业固体废物产生者的责任"引领和带动作用下，企业必将成为固体废物防治和处置工作的"主要责任人"，这项工作无疑会在企业的绿色、可持续发展中扮演愈发重要的角色。相关统计资料表明，中国2017年不锈钢粗钢产量约为2570万t，高碳铬铁用量约770万t，进口约270万t，国产约500万t。按现有生产工艺，每生产 1t 的铬铁合金，将产生 1~1.2t 的铬铁渣，据此推算，仅 2017 年全国铬铁渣排放量就高达 500 万~600 万 t。《中华人民共和国环境保护税法》明确规定，冶炼渣税额为 25 元/t，企业每年需要负担高达 1.25 亿~1.5 亿元人民币排污费，在企业发展过程中，更要面临政策限制、社会舆论甚至法律制裁风险。面对如此严峻的外部环境，笔者分别调研了高碳铬铁行业颇具代表性的两家企业。

据公开资料显示，内蒙古新太实业集团有限公司（简称新太实业集团）于 2013 年成立，地处美丽的内蒙古草原乌兰察布市。新太实业集团是集生产、研发、营销、工贸等产业为一体，跨地区、集团化铬铁生产企业，是国内铬系合金产品专业生产重点企业。旗下有 12 家企业，拥有 29 台矿热炉、2 台转炉、1 台精炼炉，员工近 4000 人，年产高、中、低、微碳铬铁 130 万 t，年产值 100 亿元，铬铁生产规模居国内同行前列。铬铁主要用于不锈钢、低碳结构钢，应用于航空、航天、汽车、造船以及国防工业等重点领域。公司现年产铬铁渣约 120 万 t，每年需负担环保税近 3000 万元。目前，采用渣场集中堆存方式，堆场的场地、人员、设备、管理等各项费用高昂，堆场同时还面临环境污染风险，以及滑坡、溃坝等严重安全事故隐患，已成为公司发展的沉重负担。

四川乐山鑫河电力综合开发有限公司（以下简称鑫河公司）是集水电开发、铁合金冶炼和销售、矿山开采为一体的综合型民营企业，是发展改革委确定的首批符合《铁合金行业准入条件》的 70 家企业之一，是四川省铁合金工业协会会长单位。2013 年 9 月，公司启动了新建 4 × 35000kVA 高碳铬铁环保节能型综合利用项目，至 2015 年全部建成投产时，铬铁渣排放量将达到 45 万 t/年，加上现有约 15 万 t 未被利用的存渣，废渣排放与综合利用方面压力十分突出，鑫河公司已面临着无处堆放铬铁渣的局面。另一方面，公司地处的乐山市金口河区每年需消耗大量碎石、砂，不仅开采成本高，而且破坏了自然资源，造成水土流失。因此，铬铁渣能否被综合利用，不仅影响到鑫河公司、金口河地区社会经济的可持续发展，而且对节约自然资源，降低工程成本，保护大渡河上游生态环境等均具有重要的意义。

1.2 高碳铬铁冶金渣的处置与利用现状

1.2.1 高碳铬铁冶金渣基本组成与结构

高碳铬铁冶金渣（以下简称铬铁渣）是埋弧电炉还原法（1700℃）

生产高碳铬铁合金时产生的熔融矿渣，经渣盘自然冷却，磁选、重选和跳汰等方法选别合金和铬铁矿后，剩余的固体废弃物。据现有工艺，每生产1t的铬铁合金，需消耗2.5~2.6t的铬铁矿，并产生1~1.2t的铬铁渣。从材料学角度看，铬铁渣是由橄榄石、尖晶石和未反应的铬铁矿等为主要矿物组成的硅铝质无机非金属材料，其化学组成的特点是氧化钙、氧化硅含量较低，而镁质、铬质组分较高。实验测试的铬铁渣化学组成见表1-2，经X-射线衍射（XRD）测试分析的物相组成见图1-1。

表1-2 铬铁渣的化学组成（%）

烧失量	SiO_2	Al_2O_3	Fe_2O_3	CaO	MgO	SO_3	P_2O_5	Cr_2O_3	SUM
0.71	34.54	23.88	5.95	0.33	25.43	0.069	0.024	7.64	98.57

在高碳铬铁生产中，为尽可能提高铬铁合金的产率，必须在还原气氛下将埋弧电炉系统温度升高到1700℃以上，确保反应物完全熔融并保持足够的反应时间，此阶段发生的主要化学反应过程如式（1-1）所示：

$$Cr_2O_3 + C \xrightarrow{1112℃} Cr_3C_2 \xrightarrow{1342℃} Cr_7C_3 \xrightarrow{1589℃} Cr_{23}C_6 \xrightarrow{1700℃} Cr \quad (1-1)$$

研究表明，铬铁矿原矿中的Cr/Fe比是1.59，1150℃时为3.09，1200℃时为5.97，1250℃时为10.93，1300℃时Fe已基本还原完毕，这充分证明了铬铁矿中Fe优先于Cr还原，当铬铁矿中Fe、Cr等组分基本还原完毕后，铬铁矿中的不能被还原的组分MgO、Al_2O_3、SiO_2发生富集，生成镁橄榄石（Mg_2SiO_4）、镁铝尖晶石（$MgAl_2O_4$）等。由此可见，铬铁矿的还原过程恰恰也为以造渣冶炼为目的的熔渣体系中，唯一的碱性氧化物MgO与SiO_2、Al_2O_3等酸性或两性氧化物充分进行的化学反应提供了充分的动力学条件。同时，在该熔渣体系中，未被还原的组分在高温熔融条件下主要发生的化学反应如式（1-2）~式（1-5）所示：

$$MgO \cdot Cr_2O_3 + 3C \Longrightarrow 2Cr + MgO + 3CO\uparrow \quad (1-2)$$

$$2MgO + SiO_2 \Longrightarrow 2MgO \cdot SiO_2 \quad (1-3)$$

$$MgO + SiO_2 \Longrightarrow MgO \cdot SiO_2 \quad (1-4)$$

$$MgO + Al_2O_3 \Longrightarrow MgO \cdot Al_2O_3 \quad (1-5)$$

按式（1-3）和式（1-4）进行理论计算可知，若要在熔渣中生成游离MgO，则其中的MgO/SiO_2摩尔比应达到1.5:1，而按表1-2中的化学组成分析结果为依据进行计算得到的结果仅为1.1:1，可见，氧化镁含量不足，二氧化硅含量过剩，且在铝富集区域可结合氧化镁形成少量镁尖晶石。综合起来，理论上应可排除铬铁渣集料中所含MgO引起混凝土结构安定性不良的可能。

从表1-2可知，铬铁渣主要由SiO_2、MgO、Al_2O_3、Fe_2O_3和Cr_2O_3组

成，占总量的97%以上，其中的有害组分如 Cl^-、SO_3、P_2O_5 含量极低。鑫河公司长期检测的铬铁渣化学分析结果基本相同，波动很小。从图 1-1 可知，铬铁渣中包含的矿物相主要有镁橄榄石、镁铝尖晶石、未反应的铬铁矿和极少量的顽辉石等。其中尖晶石相是铬铁渣中的主要矿相，结构非常稳定。未反应铬铁矿的存在是由于铬铁合金冶炼过程中难以达到完全意义上的热动力学平衡所致，而顽辉石是由于冷却过程中发生转熔反应生成的，也不存在化学不稳定的问题。

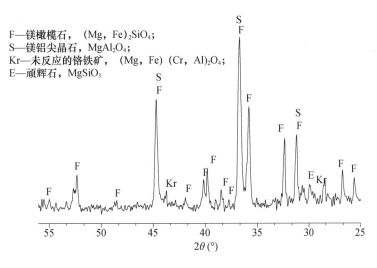

F—镁橄榄石， $(Mg, Fe)_2SiO_4$；
S—镁铝尖晶石，$MgAl_2O_4$；
Kr—未反应的铬铁矿， $(Mg, Fe)(Cr, Al)_2O_4$；
E—顽辉石，$MgSiO_3$

图 1-1 铬铁渣的 XRD 图谱

1.2.2 高碳铬铁冶金渣的处置与利用现状

随着铬铁冶金行业的飞速发展，铬铁渣的资源化综合利用也逐渐受到研究者们的重视，目前国内外也有一些学者在这方面做了相关的研究工作，主要有以下几个方面：

（1）生产耐火材料：以相图为理论指导，按比例将烧结镁砂加入铬铁渣中，制备出了可用于砌筑锰铁包衬的碱性耐火砖，得到的耐火砖热震稳定性非常优异，使用后包衬表面平整，且寿命能达到原镁砖内衬的两倍。将铬铁渣与镁砂以不同比例混合，得到以尖晶石和镁橄榄石相为主，物理和热学性能良好的复合耐火材料。将铬铁渣破碎后，按照铬铁渣：镁砂：苏州泥 =5：4：1 的比例进行混合，并加适量粘结剂，采用高压成型工艺，得到免烧镁铬砖。测试表明，其致密度高，力学性能优异，抗渣性强，且生产工艺简单，环保节能。该免烧砖制品在炼钢厂、玻璃厂的应用实践表明：使用效果与厂家现有镁砖相近，可以部分或完全代替镁砖。

（2）生产精炼电炉堵眼：精炼电炉堵眼传统工艺，需要先用干镁砂粉封眼，再用泥球外堵封牢，而随着镁砂成本的不断上升，亟须寻找可代替镁砂的原料。研究表明，铬铁渣的熔点高，且抗碱性能强，存量大，是代替镁砂的理想材料。铬铁渣破碎、筛分后，选出 0 ~ 10mm 粒径范围颗粒，掺入质量比 10% ~ 35% 的镁砂，混匀后，得到的堵眼粉可以替代镁砂用于精炼炉堵眼，这不仅显著降低了原料成本，同时为铬铁渣的有效处理提供了一条新的思路。

（3）生产微晶玻璃：SiO_2、Al_2O_3、MgO、FeO、Cr_2O_3 等是铬铁渣的主要化学组，相较微晶玻璃的原料要求而言，组成中 Al_2O_3 和 MgO 含量相对较高，而 SiO_2 含量较低，导致铬铁渣高温时的熔体具有较高的黏度，若采用适宜的原料和工艺，并调整原料配比，铬铁渣是生产微晶玻璃的优质原料。

（4）作铺路材料：相比于普通的砂石料，铬铁渣硬度大，密度也较高，可作为公路工程中的优质铺路材料。研究表明，铬铁渣中的铬主要以三价铬形式存在，且大部分固溶在镁铬尖晶石中，常温常压环境中的浸出量非常小，从理论和实践两个方面，为铬铁渣作为路基材料的大量推广和使用排除了安全隐患。重庆的工程实践也表明，铬铁渣作为铺路材料有成本低，抗压及耐磨性好，路基地基稳定性好、不易变形等特点，再次证明了其在路基材料中的优势。

1.2.3 存在的问题

综合现有资料可知，根据铬铁渣的化学和矿物组成特点，回收利用的可行性途径主要集中在微晶玻璃和耐火材料两个方向，主要是在实验室水平的初步尝试和探索，理论和应用研究的深度、广度均明显不足。工程应用方面，这两种思路受制于技术难度大和成本困扰，很难得到广泛的推广和应用。现实情况是，铬铁渣仍以堆放和填埋的粗放型处理方式为主，占用土地、污染环境，浪费了大量的资源和能源，更不利于铬铁合金行业的可持续发展。综合国内外相关资料，铬铁渣作为一种固体废弃物未找到合理、有效的综合利用途径，尚不能形成有效的可全面推广、复制的成熟技术和应用方案，更未见工程化应用案例。

铬铁渣的主要组成矿物橄榄石和尖晶石等是结晶完整的晶体材料，常温常压下，物理化学性能极其稳定，同时质地坚硬，具备与石灰石、石英和玄武岩等常规混凝土集料同样优异的机械力学性能，故铬铁渣可作为混凝土集料的原料来源。事实上，铬铁渣作为集料用于铺路材料早有尝试，但多停留在试验阶段，对该类材料的认识和研究严重不足，缺乏系统的应用基础研究和技术规范支撑，特别是人们对铬铁渣中 Cr 元素和 Mg 元素可能造成的环境和结构安全风险的担忧，致使铬铁渣的工程化应用研究更是困难重重。在国内，对铬铁渣的应用基础研究一直处于探索中，缺乏基础理论和技术支持，相关政策措施也无法得到保障，从而引起设计、施工单位使用上的顾虑，也限制了铬铁渣混凝土的全面推广应用。

总之，受传统观念和技术资料不足、缺乏技术规范和政策引导与支撑等多方面的制约，铬铁渣的工程化利用一直存在极大的顾忌，大部分地区的铬铁渣被废弃堆存，有的流入江河中，不仅占用土地、污染环境，严重阻滞了铬铁合金行业的可持续发展，而且浪费了大量的资源和能源。特别是国内，对铬铁渣的基础研究和工程应用研究均处于起步阶段，缺乏理论和技术支持，相关政策措施也无法得到保障，故对铬铁渣的综合利用，目前仍未见成熟的工程应用案例以及相关报道。

长远来看，面向生态文明建设与保障资源安全供给的国家重大战略需求，以"减量化、资源化、无害化"为核心原则，如何实现铬铁渣的高效资源化利用，对推动我国铬铁合金行业可持续发展、生态环境保护、资源节约和循环利用，以及资源循环利用产业规模的壮大等意义重大。作为大宗一般固体废物，铬铁渣同样面临"减量化"处置难题，消纳量小、附加值低的技术措施推广难度较大，很难从真正意义上解决铬铁渣的资源化利用。因此，大量翔实、可靠的应用基础研究和数据支撑，技术攻关突破关键问题，并建设示范工程形成带动效应，是实现铬铁渣"减量化、资源化、无害化"利用的必要条件，将会带来显著的间接经济效益和社会效益，对建设美丽中国具有十分重要的技术、经济和社会价值。

1.3 主要内容与关键技术问题

1.3.1 主要研究内容

围绕"源头减量—高效安全转化—清洁增值利用"的技术链与工艺路线，构建高碳铬铁冶金渣精准转化与清洁高效利用的"近零排放"新技术。以鑫河公司的铬铁渣为主要研究对象，围绕"铬铁渣固体废物的资源化高效利用"问题，展开铬铁渣的环境影响评价，铬铁渣普通集料、混凝土的制备与性能，铬铁渣集料及其混凝土的工程示范项目建设，铬铁渣轻集料的设计制备和轻集料混凝土研究，以及铬铁渣功能材料的开发和研究，主要包括如下研究内容：

铬铁渣普通集料及铬铁渣混凝土（第 2 章）：铬铁渣碎石、铬铁渣砂集料的物理性能与环境影响评价；提出铬铁渣混凝土配合比设计方法，以及优化拌合物施工性能的技术措施；铬铁渣普通混凝土和水工混凝土的工作性能、力学性能、部分耐久性能研究；对水泥稳定铬铁渣道路基层、底基层配合比进行设计研究；铬铁渣集料在道路工程、房建工程等土木工程中的工程化应用技术研究。

铬铁渣轻集料的设计制备及轻集料混凝土性能（第 3 章）：以 Reilly 三角形相图为理论指导，以铬铁渣为主要原料制备普通铬铁渣轻集料和超轻铬铁渣轻集料，掌握以铬铁渣为主要原料制备普通轻集料的关键技术和工艺；以 $MgO\text{-}SiO_2\text{-}Al_2O_3$ 三元相图为理论指导，提出具有核-壳复合结构铬铁渣轻集料设计思路与制备方法，探明制备工艺对铬铁渣轻集料性能的影响规律，研究内核与外壳对铬铁渣轻集料性能的影响规律；掌握铬铁渣轻集料混凝土的配制技术，揭示轻集料与水泥石界面过渡区变化对轻集料混凝土整体综合性能的影响规律；以轻集料混凝土脆性改善为设计目标，建立基于轻集料内核强化和界面过渡区性能优化的高性能轻集料设计方法，讨论核-壳复合结构轻集料对混凝土力学性能与断裂特性的影响规律。

铬铁渣耐火浇注料和陶瓷材料的制备与性能（第 4 章）：以铬铁渣为耐火集料和粉料，探索铬铁渣耐火浇注料的设计制备方法，讨论铬铁渣耐火浇注料的基本性能，为铬铁渣的应用提供新思路；以铬铁渣为主要原料，配入适宜比例的工业氧化铝粉和二氧化硅微粉合成制备堇青石，测试和分析铬铁渣堇青石的宏观物理性能、微观组成和结构特征，明确铬铁渣合成堇青石的基本反应过程和机理，为铬铁渣合成制备陶瓷材料积累基础数据，完善和发展硅铝质固体废物制备堇青石材料的理论基础。

1.3.2 拟解决的关键技术问题

铬铁渣资源化利用切实可行的途径是全部或部分代替普通砂石集料制备混凝土，具有消纳能力强、技术难度适中、易于广泛推广等优势，前景较好。前期实验室研究和初步工程实践均表明，鑫河公司铬铁渣作为混凝土集料制备混凝土具备可行性，但要真正实现铬铁渣集料及混凝土材料在土木工程领域的各个方面，如公路（路面、基层、底基层）、水电、桥梁等的全面推广应用，还存在一些亟待摸索解决的关键问题。此外，铬铁渣作为主要原料制备轻集料、轻集料混凝土、耐火浇注料以及堇青石陶瓷材料等方向为课题组提出的铬铁渣综合利用新思路，需要攻克的技术难题主要包括：

（1）铬铁渣集料的环境安全风险评估。铬铁渣的化学组成分析（XRF）表明，Cr_2O_3 含量较高（7.64%）是铬铁渣区别于普通冶金渣的主要特征，Cr 元素对土壤、水体及动植物等可能引起的潜在危害，涉及十分严谨的环保问题，故必须进行全面和深入的系统研究，排除可能存在的环境安全隐患，确保零风险；

（2）铬铁渣集料及混凝土的体积稳定性。与普通砂石集料不同的是，铬铁渣中 MgO 含量较高（约25%），过高的 MgO 含量会对混凝土材料及其结构的体积稳定性带来潜在安全隐患。因此，采用铬铁渣用作混凝土集料时，其可能对混凝土的工作性能、力学性能和耐久性等方面带来的影响需要得到足够的重视；

（3）铬铁渣集料混凝土的配合比设计与制备。铬铁渣集料表面粗糙多孔，且多为封闭孔，因此铬铁渣混凝土配合比设计与普通混凝土差异较大，需要进行配合比设计方法研究；铬铁渣混凝土施工性能不佳，容易产生离析和堵塞，需研究给出合理有效的改善办法；

（4）铬铁渣集料混凝土的耐久性。铬铁渣作为混凝土集料的替代性原料的研究还处于起步和探索阶段，关于铬铁渣集料混凝土的耐久性研究更是缺乏，少见公开资料和相关报道，缺乏科学定论；

（5）铬铁渣轻集料目标矿物的组成设计与调控。如何通过化学组成的调整，优化烧成工艺制度等技术手段，合理控制各设计目标矿物的晶体成核、晶粒长大和析出速率，实现优化晶玻比（晶体与玻璃体的质量占比），调控晶体矿物的种类和数量以及晶体颗粒在基质中的赋存状态等目的；

（6）铬铁渣轻集料核-壳结构原料组成与烧成制度的匹配设计。轻集料内核和外壳矿物相具有各自不同的原料组成和反应机理，在高温焙烧的过程中，内核表层与外壳层中的低熔点物质相互扩散与渗透，在二者之间形成了新的复杂界面层，如何通过一次固相烧结，实现二者的同步烧成和稳定嵌合，且能保证各自性能的稳定，从而制备出整体性能良好的核-壳结构铬铁渣轻集料。

2 高碳铬铁冶金渣集料及混凝土

2.1 铬铁渣集料的生产与性能

2.1.1 铬铁渣的环境风险评价

1. Cr（Ⅵ）浸出评估

铬主要以金属铬、三价铬和六价铬三种形式出现，其中，六价铬因具有强还原性，且极易溶于水，对环境和人体危害巨大。因此，铬铁渣用作混凝土集料时，其有可能长期暴露在复杂环境中，并经受各种恶劣气候的考验，故其铬离子的存在形态与浸出率是必须关注的。

根据铬铁合金冶炼过程特点，铬铁渣中铬的存在形态分为四种：水溶态、酸溶态、安全态和残余态。其中，水溶态铬是以阴离子状态存在的铬酸根，溶于水后可结合金属阳离子形成化合物，而后三者分别是包裹于烧结相和玻璃体相中的铬，以及存在于原生和次生矿物晶格中的铬。可见，在碱性和强碱性的普通硅酸盐水泥混凝土体系中，只有水溶态铬的溶出可能对环境造成污染，后三种状态下的铬是相对稳定和安全的。铬铁渣中水溶性六价铬浸出行为规律研究显示，其最大溶出率的实验条件为：去离子水与铬铁渣（75μm 标准筛筛下料）的质量比为 8，80℃浸取 5h，采用回旋振荡方式（150r/min），测得的水溶性六价铬为 0.00278mg/克渣，含量极低。也有研究表明，六价铬的溶出率极低（0.61mg/L），且铬铁渣越细，其溶出率升高（3.8mg/L）。需要指出的是，由于实验方法和样品铬含量差异，特别是铬铁渣细度不同，现有研究结果给出的六价铬溶出率数值略有差异，但均在安全范围以内。

依据标准《固体废物浸出毒性　浸出方法　水平振荡法》HJ 557—2010 的要求，对鑫河公司所产铬铁渣集料采样、制备样品（75μm 标准筛筛下料），检测结果为 0.1960mg/L（0.0098mg/克渣），含量远低于国标《污水综合排放标准》（GB 8978—1996）中规定的允许排放浓度 0.5mg/L，处于安全范围。理论上，铬铁渣中的铬主要以安全态和残余态存在于未完全反应的铬铁矿和铬铁合金中，剩余的铬则夹杂在镁橄榄石、镁尖晶石晶相以及少量的玻璃体中。因此，夹杂在碱性高熔点矿物镁橄榄石和镁尖晶石中的铬是很难溶出的，若将其用于碱性和强碱性的普通硅酸盐水泥混凝土体系中，相当于对水溶性铬的进一步"固封"处理，理论上可基本排除铬铁渣中水溶性 Cr（Ⅵ）对环境的污染风险。

进一步，为了确保铬铁渣集料混凝土的环境安全，对铬铁渣集料作为混凝土用集料后的各元素析出情况进行了测试和分析。笔者联合乐山鑫河电力综合开发有限公司和中国水电顾问集团贵阳勘测设计研究院开展了关于铬铁渣集料混凝土的浸出毒性研究，试验过程与结论如下：

试验模拟了混凝土在水中养护条件下的试验环境：铬铁渣集料混凝土试件全部没入水中，混凝土与养护水的体积比约为 1:2，水箱中的养护水为一次性放入，不因养护水蒸发或试件到期取出进行试验而添加，目的是保证室内泡水养护条件下，收集的铬铁渣混凝土析出物溶液浓度高于实际工程中流动水条件下的水样。养护用水为自来水。养护室室温控制为（20±1）℃，水温为（18±0.5）℃，连续养护至龄期后取出进行试验检测。

本次泡水养护选择了坝体大体积铬铁渣常态混凝土（$C_{90}15W6F100$）和上游面铬铁渣碾压混凝土（$C_{90}20W8F100$，具体配合比见表2-32）进行试验，上述配合比混凝土中的粗细集料全部采用铬铁渣，样品制备过程和具体参数如下：

（1）浸出液制备的粉末样品

泡水养护混凝土析出物制样：取混凝土泡水养护 28d 和 90d 后的水样若干，用 500mL 带盖烧杯盛装，放到烘箱中烘至恒重，取出收集粉末状的析出物 10~15g。样品编号分别为 1 号（90d）和 2 号（28d）。浸出液制备的粉末样品的化学组成见表2-1。

（2）浸出液体样品

液体样品共计 4 组，取自泡水铬铁渣混凝土的养护箱，分别为：1 号样—低浓度析出物样品（龄期为 90d，取养护箱静置时的样品）、2 号样—高浓度析出物样品（龄期为 90d，取养护箱上下搅动后的样品）、3 号样—贵阳自来水样品、4 号样—枕头坝一级水电站现场大渡河水样品。

表 2-1　浸出液制备的粉末样品化学组成

编号	CaO	SiO$_2$	Al$_2$O$_3$	Fe$_2$O$_3$	MgO	SO$_3$	K$_2$O	Na$_2$O	Cr$_2$O$_3$	R$_2$O*
1 号	60.86	8.53	2.28	0.24	15.77	0.24	0.52	0.66	0.06	1
2 号	61.57	8.72	2.25	0.37	12.61	0.4	0.86	1.26	0.08	1.83

随着养护龄期的延长，混凝土中水化产物的析出量增多，但从

表 2-1 中的化学组成来看，试验范围内，Cr_2O_3 量的增加不明显，说明其并未大量溶出而产生富集。对该粉末样品的 Cr、Pb、Cd、Hg 等指标测试和液体样品的全分析委托由贵州省环境监测中心站完成。

《地表水环境质量标准》（GB 3838—2002）中依据地表水水域环境功能和保护目标，按功能高低将其依次划分为五类：

Ⅰ类：主要适用于源头水、国家自然保护区；

Ⅱ类：主要适用于集中式生活饮用水地表水源地一级保护区、珍稀水生生物栖息地、鱼虾类产卵场、仔稚幼鱼的索饵场等；

Ⅲ类：主要适用于集中式生活饮用水地表水源地二级保护区、鱼虾类越冬场、洄游通道、水产养殖区等渔业水域及游泳区；

Ⅳ类：主要适用于一般工业用水区及人体非直接接触的娱乐用水区；

Ⅴ类：主要适用于农业用水区及一般景观要求水域。

本项目水样检测指标需满足国标Ⅲ类要求，其具体指标见表 2-2。

表 2-2　水基本项目标准限值　　　　（单位：mg/L）

	pH 值（无量纲）	铜 ≤	锌 ≤	氟化物（以 F⁻ 计） ≤	硒 ≤	砷 ≤	镉 ≤	六价铬 ≤	铅 ≤	氰化物 ≤
《地表水环境质量标准》（GB 3838—2002）Ⅲ类水	6 ~ 9	1	1	1	0.01	0.05	0.005	0.05	0.05	0.2
《生活饮用水卫生标准》（GB 5749—2006）	6.5 ~ 8.5	1	1	1	0.01	0.01	0.005	0.05	0.01	0.05

浸出液制备的粉末样品中 1 号样和 2 号样的检测指标均按照《生活饮用水标准检验方法　金属指标》（GB/T 5750.6—2006）进行试验，Cr 低于最低检出限 0.05mg/L、Pb 低于最低检出限 0.1mg/L、Cd 低于最低检出限 0.05mg/L。浸出液体样品 1 号样和 2 号样的 pH 值分别为 9.32 和 9.30，略高于国标Ⅲ类水的标准限值，这是因为混凝土中胶凝材料水化后生成 Ca（OH）$_2$ 溶解所致，析出后导致溶液呈碱性。氟化物、Mn、Cu、Zn、Pb、As 等指标均满足《地表水环境质量标准》（GB 3838—2002）中Ⅲ类水的标准限值。重点关注的指标 Cr 低于最低检出限 0.05mg/L、六价铬低于最低检出限 0.004mg/L，满足环保要求。综合起来，在静水状态下，定量泡水铬铁渣集料混凝土的析出物没有发现对环

境有危害的成分。

2013 年 12 月，根据上述理论与试验研究结论，四川省环境保护厅在向乐山市环保局下达的《关于四川乐山鑫河电力综合开发有限公司高碳铬铁合金冶炼废渣综合利用环保意见的复函》中，已明确指出该企业产生的铬铁渣不属于危险废物，鼓励进行综合利用。

2. 放射性

委托贵州省工业废弃物综合利用产品检测中心，依照《建筑材料放射性核素限量》（GB 6566—2010）的要求，对铬铁渣的放射性核素限量进行了检测，测试结果为：内照射指数 IRa < 0.1，外照射指数 Ir < 0.2，指标远低于国标要求的 A 类（内照射指数 IRa < 1.0，外照射指数 Ir < 1.0）技术要求，放射性核素限量处于绝对安全范围之内。

3. 体积稳定性

铬铁渣 MgO 含量虽高达 25.43%，但如 1.2.1 节所述（图 1-1），这些 Mg 元素几乎全部被固化于稳定的矿物晶格之中，未发现有游离 MgO 衍射峰，理论上应可以排除因游离 MgO 引起的混凝土安定性不良。从科学研究和工程项目的严谨性出发，分别采用水泥压蒸安定性试验、砂石碱活性快速试验和普通砂石碱活性检测方法等进行了如下实验验证。

参考国标《水泥压蒸安定性试验方法》（GB/T 750—1992）的测试方法，将铬铁渣破碎至 D_{max} 小于 1mm，以不同比例等量（质量比）替代水泥（P·O 42.5，四川峨胜水泥集团有限公司生产），按规定的方法成型为 25mm × 25mm × 280mm 试块，沸煮后进行压蒸实验，测试其膨胀率，实验结果见表 2-3。结果表明：所有试样的沸煮安定性合格，即使铬铁渣掺量达到 40% 时，压蒸膨胀率也远低于 0.80% 的规范参考值，说明铬铁渣中各化学和矿物组成稳定，集料安定性合格。

表 2-3 铬铁渣的压蒸安定性（%）

编号	配比		压蒸膨胀率（实测值）	沸煮安定性（实测值）	压蒸膨胀率（GB/T 750—1992）
	水泥	铬铁渣			
A1	100	0	0.13	合格	
A2	90	10	0.17	合格	
A3	80	20	0.21	合格	硅酸盐水泥≤0.80%
A4	70	30	0.16	合格	
A5	60	40	0.21	合格	

依据中国工程建设标准化协会标准《砂、石碱活性快速试验方法》（CECS 48：93），委托四川省建筑工程质量检测中心对铬铁渣进行碱活性检测，结果见表2-4，相关试件的最大膨胀率为0.033%，低于标准要求的最大膨胀率值0.1%，证明铬铁渣在水泥混凝土体系发生碱-集料反应的可能性极低（表2-4）。

表2-4　铬铁渣骨料的碱活性实验（%）

编号	配合比 （水泥：铬铁渣）	试件膨胀率 （%）	最大膨胀率 （%）	标准要求最大膨胀值 （%）
J1	10：1	0.023		
J2	5：1	0.027	0.033	<0.1
J3	2：1	0.033		

进一步，按照《普通混凝土用砂、石质量及检验方法标准》（JGJ 52—2006）中关于砂的碱活性试验相关要求制备样品，检测试件的膨胀率，铬铁渣碱活性试验结果（砂浆长度法）为：14d、30d、60d、90d 龄期的膨胀率分别为0.012%、0.019%、0.028%、0.029%，皆小于膨胀率允许值0.050%，证明铬铁渣为非碱活性集料，无潜在危害。

2.1.2　生产工艺与关键技术

实验用铬铁渣是采用埋弧电炉还原法生产高碳铬铁合金时排出的熔体，经渣盘凝固、自然冷却、机械破碎和跳汰法选别含铬矿物后产生的。外观上大部分呈灰黑色［图2-1（a）］、少部分（约占15%）呈铁锈红色或紫红色［图2-1（b）］。图2-1（a）所示铬铁渣孔隙率较低、质地坚硬，破碎起来十分困难，因此，选取较大块状铬铁渣加工成50mm×50mm×50mm后，测试其抗压强度平均值为105MPa；而图2-1（b）所示的铬铁渣孔隙率较高、呈蜂窝状、脆性较大、强度较低，不宜用作混凝土集料，必须剔除。

(a) (b)

图2-1　两种典型铬铁渣原料实物图

将大块铬铁渣毛料进行钻芯取样（图2-2），可见无论是毛料还是芯样表面均存在较多大小不一的孔洞，这主要是因为铬铁渣高温熔体的黏度较大，流动过程中裹挟进来的大量气体无法排除，同时，在渣盘冷却过程中，为了缩短冷却时间，采用了淋水降温措施，二者共同增加了冷却后样品中的孔隙率。根据芯样的获得情况，参考《水电水利工程岩石试验规程》（DL/T 5368—2015）的试验方法，进行芯样干抗压强度、饱和抗压强度和抗压弹模等指标的测试（图2-3），其性能试验结果见表2-5。经测试，铬铁渣真密度3.33g/cm³，吸水率不大于0.2%，抗压弹性模量58GPa，泊松比0.21，由于取样位置不同，抗压强度为80～110MPa（高径比2∶1），铬铁渣的体积密度在2.5～2.8g/cm³之间，其孔隙率为15%～20%（采用纯水和煤油两种试液进行对比，比重瓶法纯水试液试验温度为24.1℃，该温度条件下纯水密度为0.9973g/cm³）。按照《水泥化学分析方法》（GB/T 176—2017）中规定的烧失量测试要求，测试了不同取样位置时铬铁渣的烧失量变化，测试结果为0.13%～0.38%。

图2-2　铬铁渣钻芯取样样品实物

图2-3　铬铁渣芯样吸水率与抗压强度测试

综合上述检测结果可知，铬铁渣的基本物理性能接近石灰石、玄武岩以及花岗岩等天然岩石，只因其在冷却过程中带入了较多的气体而产生了孔洞，故体积密度略低。同时，对铬铁渣颗粒表面形貌的观察发现，其表面粗糙多孔，但基质却致密光滑，表面附着少量细粉。因此，铬铁渣可作为建筑材料使用，但由于化学组成和产生过程的原因，表面粗糙、多孔性是与常用砂石集料的最大区别。

表 2-5　铬铁渣芯样物理性能试验结果

序号	密度（g/cm³）	干抗压强度（MPa）	饱和抗压强度（MPa）	抗压弹模（GPa）	泊松比
1	2.55	80.0	71.5	57.8	0.21
2	2.79	111.2	99.7	57.9	0.21
3	2.84	114.1	100.8	59.2	0.21
4	2.59	83.3	71.5	56.7	0.21
5	2.71	105.2	107.2	58.2	0.21
6	2.51	81.2	68.0	55.6	0.21
7	2.54	85.8	64.0	56.2	0.21
8	2.57	82.7	87.6	55.9	0.21
最大值	2.51	114.1	107.2		
最小值	2.84	80.0	64.0		

注：高径比 2：1。

依据《建设用卵石、碎石》（GB/T 14685—2011）和《建设用砂》（GB/T 14684—2011）的要求，检测铬铁渣细集料和粗集料的各项物理性能，并与常用集料（河砂、石灰岩、玄武岩）对比，分析铬铁渣作为集料应用于混凝土的优势与不足。铬铁渣制备的工艺流程如图 2-4 所示。

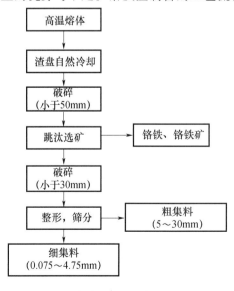

图 2-4　铬铁渣集料制备工艺流程

2.1.3 铬铁渣集料物理性能

铬铁渣物理性能检验项目主要包括：集料级配、吸水率、粉尘含量、表观密度、堆积密度、压碎值指标以及坚固性等，试验方法参考《公路工程集料试验规程》（JTG E 42—2005）、《普通混凝土用砂、石质量及检验方法标准》（JGJ 52—2006）和《混凝土用高炉重矿渣碎石》（YB/T 4178—2008）进行（表2-6、表2-7）。

表2-6　铬铁渣细集料的物理性能对比（一）

试样名称	细度模数	石粉含量（%）	表观密度（kg/m³）	含泥量（%）	空隙率（%）	吸水率（%）	压碎指标（%）
河砂	2.7	1.2	2645	0.34	41.4	0.9	0.8
铬铁渣砂	2.6	0.9	2713	0.12	41.9	3.1	1.6
GB/T 14684—2011	3.0～2.3	≤3.0	>2500	≤1.0（C60）	<47	—	<20

表2-7　铬铁渣粗集料的物理性能对比（二）

试样名称	抗压强度（MPa）	针片状含量（%）	表观密度（kg/m³）	堆积密度（kg/m³）	空隙率（%）	压碎指标（%）
石灰岩	112	3.8	2534	1637	41.4	26
玄武岩	139	4.6	2884	1650	37.1	8
铬铁渣	105	1.4	2632	1460	45.4	14.1
GB/T 14685—2011	≥80	≤5.0	>2500	>1350	<47	<20

与天然集料相比，铬铁渣集料的吸水率和空隙率较高，同时，其针片状含量和石粉含量较低。这是因为，铬铁渣表面在冷却过程中产生了大量的1~5mm宏观非贯穿小孔，这些孔洞增加了铬铁渣的比表面积，并导致集料的空隙率和吸水率上升。因此，在铬铁渣混凝土配合比设计过程中，应注意调整粗细集料级配、砂率以及外加剂掺量等参数，更好地发挥铬铁渣的优势性能。

粗集料（石子）应具有良好的颗粒级配，以减少孔隙率，增强密实性，从而保证混凝土拌合物的和易性及混凝土的强度和耐久性，又可节约胶凝材料。铬铁渣粗集料的物理性能见表2-8和表2-9。石子级配选择试验按照不同的组合比例测定其振实密度，从中选出密度大、空隙小、集料总表面积小的粗集料级配进行混凝土和易性试验，在水泥用量相同的条件下，选择混凝土和易性好，并能满足施工工作性能要求的集料级配为最优级配。将铬铁渣石子（粗集料）分为：大石（80～40mm）、中石（40～20mm）、小石（20～5mm），针对用二、三级配混凝土分别进行不同组合试验，按振实密度的大小，确定最优集料级配，石子不同级配的试验结果见表2-10。表2-10铬铁渣粗集料的组合级配试验结果表明，当二级配配比为中石∶小石＝60∶40，三级配配比为大石∶中石∶小石＝40∶30∶30时，其紧密密度最大，此时的级配比例为混凝土配合比设计时采用的最佳石子级配。

表2-8　铬铁渣粗集料的物理性能（一）

试验项目	饱和面干密度（kg/m³）	饱和面干吸水率（%）	含泥量（%）	泥块含量（%）	超径（%）	逊径（%）
小石（5～20mm）	2810	1.82	0.4	0	2	5
中石（20～40mm）	2720	1.22	0.3	0	3	4
大石（40～80mm）	2610	1.08	0.2	0	2	1

表2-9　铬铁渣粗集料的物理性能（二）

试验项目	压碎指标（%）	针片状（%）	坚固性（%）	堆积密度（kg/m³）	紧密密度（kg/m³）	SO₃含量（%）
小石（5～20mm）	6.5	0	1	1460	1600	0.06
中石（20～40mm）	—	0	1	1410	1560	0.05
大石（40～80mm）	—	0	1	1380	1520	0.06

表2-10　铬铁渣粗骨料组合级配试验结果

级配	骨料组合（大石∶中石∶小石）	紧密密度（kg/m³）
二级配	0∶60∶40	1680
	0∶55∶45	1670
	0∶50∶50	1650
三级配	50∶30∶20	1730
	35∶35∶30	1740
	40∶30∶30	1750
	30∶40∶30	1740

2.2　铬铁渣集料普通混凝土

2.2.1　配合比设计

采用普通混凝土配合比设计方法，结合实验室试配试验数据和结果，选定配合比如表 2-11 所示，分别采用普通石灰石粗集料、河砂，铬铁渣粗集料、细集料配制 C30 强度等级普通混凝土，相关性能测试结果如表 2-12 所示。由表 2-12 可知，铬铁渣集料混凝土的力学性能满足设计要求，略低于普通集料混凝土，但拌合物工作性能不稳定，坍落度损失较快，和易性不佳，黏聚性差。因此，铬铁渣砂、碎石可以完全或部分代替普通砂石集料配制普通混凝土，若能采用配合比设计方法和适宜的技术措施解决和易性不佳，以及坍落度经时损失大的问题，可以尝试配制高性能混凝土。

表 2-11 C30 铬铁渣混凝土基准配合比（kg/m³）

水泥	粉煤灰	砂	碎石	水	W/B	减水剂
310	85	816	1144	198	0.5	4.0

表 2-12 C30 铬铁渣混凝土基本性能

编号	坍落度/mm			抗压强度/MPa		和易性
	0h	1h	2h	7d	28d	
石灰石集料	220	210	185	32.3	43.7	好
铬铁渣集料	200	145	95	33.8	41.9	一般

与天然碎石、河砂相比，铬铁渣集料表面存在大小不一，无规律分布的孔洞、孔隙，且铬铁渣细集料中细粉含量偏低（细度模数偏大），故直接采用普通混凝土的配合比设计思路很难充分发挥该集料使用性能。结合铬铁渣集料的物理和表面结构特征，借鉴轻集料混凝土配合比设计中的一些方法和思路，采用松散体积法，主要设计思路在于：根据各原料体积用量确定各原料质量用量，首先确定单方铬铁渣混凝土粗集料用量，然后配制铬铁渣砂浆，且砂浆中先确定砂用量，最后确定胶凝材料用量和用水量。这一思路充分体现了固定砂石体积的配合比设计理念，根据铬铁渣集料的性能特点综合考虑，提出铬铁渣混凝土配合比设计方法。

具体设计流程如图 2-5 所示，分为如下步骤：

（1）分别测试铬铁渣砂的表观密度 ρ_{s0}、铬铁渣碎石的表观密度 ρ_g 和松散堆积密度 ρ_{g0}。

（2）设定单方混凝土中铬铁渣碎石用量的松散堆积体积 a_g，根据铬铁渣碎石的松堆密度 ρ_{g0} 计算 1m³ 混凝土中铬铁渣碎石用量：

$$G_g = \rho_{g0} \times a_g$$

（3）根据铬铁渣碎石用量 G_g 和密度 ρ_g 计算出单方混凝土中铬铁渣

碎石的密实体积 V_g：

$$V_g = G_g / \rho_g$$

（4）铬铁渣砂浆体积 V_{sj}：

$$V_{sj} = 1 - V_g$$

（5）设定铬铁渣砂浆中渣砂体积含量 α_s，根据铬铁渣砂浆密实体积 V_{sj} 和渣砂体积含量 α_s 计算出渣砂的密实体积 V_{s0} 和铬铁渣砂浆的密实体积 V_j：

$$V_{s0} = V_{sj} \times \alpha_s$$

$$V_j = V_{sj} - V_{s0}$$

（6）根据铬铁渣砂密实体积 V_{s0} 和铬铁渣砂的表观密度 ρ_{s0} 计算出单方混凝土中铬铁渣砂的用量 G_s：

$$G_s = \rho_{s0} \times V_{s0}$$

（7）根据铬铁渣混凝土的设计强度等级和掺合料类型、用量确定水胶比 W/B、掺合料（F）体积替代水泥（C）量 k 和外加剂用量，确定复合胶凝材料的表观密度 ρ_b：

$$\rho_b = \rho_f \times k + \rho_c \times （1 - k）$$

（8）由复合胶凝材料的表观密度 ρ_b、水胶比 W/B 计算水和胶凝材料的体积比，再根据总浆体体积分别求出胶凝材料和水的体积，计算出胶凝材料总量 G_b：

$$\frac{G_b}{\rho_b} + \frac{W/B \times G_b}{1000} = V_j$$

（9）根据水胶比和总胶凝材料用量计算出用水量：

$$G_W = G_b \times W/B$$

（10）根据总胶凝材料体积 V_b 和矿物掺合料替代率 k 及各自的表观密度，分别求出单方混凝土中的矿物掺合料用量 G_{FA} 和水泥用量 G_c；

$$V_b = \frac{G_b}{\rho_b}$$

$$V_{FA} = V_b \times k$$

$$G_{FA} = \rho_{FA} \times V_{FA}$$

$$V_c = V_b \times （1 - k）$$

$$G_c = \rho_c \times V_c$$

为了研究配合比设计中关键控制因素对铬铁渣混凝土工作性能与力学性能的影响，得到配合比设计中的显著影响因素，设计了 L16 正交试验，以坍落度 Δh、扩展度 D、倒塌时间 t、7d 强度 R_c 作为控制指标。正交试验因素水平表见表2-13，各组试验的测试结果见表2-14。

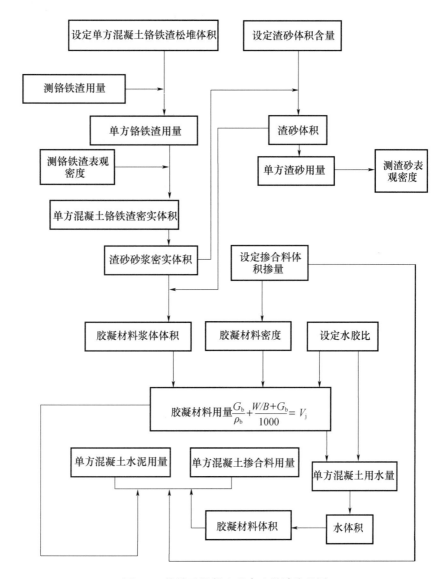

图 2-5 铬铁渣混凝土配合比设计流程图

表 2-13 铬铁渣集料混凝土配合比正交试验因素水平表

水平＼因素	A 铬铁渣碎石松堆体积（m³）	B 渣砂体积含量	C 粉煤灰体积掺量（％）
1	0.75	0.50	15
2	0.70	0.55	25
3	0.65	0.60	35
4	0.60	0.65	45

表 2-14　正交试验结果

编号	A	B	C	Δh（mm）	D（mm）	t（s）	R_c（MPa）
1	1	1	1	225	550	9	31.7
2	1	2	2	230	545	13	34.1
3	1	3	3	225	570	19	29.9
4	1	4	4	215	530	24	35.7
5	2	1	2	230	580	10	37.5
6	2	2	1	235	590	9	36.3
7	2	3	4	175	320	46	32.8
8	2	4	3	225	590	12	26.1
9	3	1	3	195	390	18	42.1
10	3	2	4	180	320	52	39.2
11	3	3	1	215	560	13	31.9
12	3	4	2	230	580	11	27.7
13	4	1	4	185	340	55	37.4
14	4	2	3	220	520	31	34.0
15	4	3	2	230	510	13	32.3
16	4	4	1	235	580	11	26.0

　　根据表 2-14 的测试结果，对各组试验所得坍落度、扩展度和倒塌时间等指标进行极差分析，结果表明：①三种因素对铬铁渣混凝土上述和易性指标的影响顺序依次为：B 渣砂体积含量 > C 粉煤灰体积掺量 > A 铬铁渣碎石松堆体积；②对铬铁渣混凝土的抗压强度影响顺序依次为：C 粉煤灰体积掺量 > A 铬铁渣碎石松堆体积 > B 渣砂体积含量；③铬铁渣混凝土配合比关键控制参数的范围：粉煤灰体积掺量为 25% ~ 35%，铬铁渣碎石松堆体积 0.65 ~ 0.70m³，渣砂体积含量为 0.50 ~ 0.55。根据上述范围，计算出 C30 铬铁渣混凝土的基准配合比，见表 2-15。

表 2-15　正交试验得到的 C30 铬铁渣混凝土基准配合比（kg/m³）

水泥	粉煤灰	铬铁渣砂	铬铁渣碎石	水	W/B	减水剂
310	90	848	1191	160	0.40	4.0

2.2.2　优化设计

1. 石粉含量

　　铬铁渣砂由于颗粒球形度较低，颗粒级配不佳，导致混凝土黏聚性差，砂浆包裹能力较弱，宏观上表现为施工工作性能欠佳。选择石粉含量为0%～15%，研究铬铁渣砂石粉含量对混凝土工作性能的影响。试验基准配合比见表2-11，试验结果见表2-16。

表2-16　石粉含量对混凝土物理性能的影响

编号	石粉掺量（％）	初始坍落度/扩展度（mm）	2h坍落度/扩展度（mm）	28d抗压强度（MPa）
1	0	210/460	180/400	40.2
2	5	220/500	200/440	39.6
3	10	240/550	210/520	43.3
4	12	230/540	210/510	42.0
5	15	210/510	180/460	40.9

从表2-16可以看出，随着铬铁渣砂石粉含量的增加，混凝土的工作性能变好，对混凝土力学性能的影响不大，当石粉含量为10%时，混凝土的工作性能和力学强度最佳，坍落度>240mm，扩展度>550mm，混凝土包裹性能最好，28d的强度为43.3MPa。这是由于铬铁渣碎石具有表面多孔形貌，在拌和过程中会使砂浆浆体相对不足，导致碎石包裹性能下降；在一定掺量的范围内，随着石粉掺量的增加，浆体量增加，包覆和润滑作用愈加明显，混凝土的流动性提高。但石粉掺到一定的程度后，总表面积过大，在用水量不变时，砂浆的黏度增加，从而使混凝土的流动性能降低，因此需要控制铬铁渣砂中的石粉掺量在10%左右为宜。

2. 保水剂

由于铬铁渣表面多孔，以及渣砂的特定表面性质，需要大量的水泥浆体包裹，铬铁渣集料泵送混凝土与普通混凝土配合比相比，在泵送施工过程中，铬铁渣集料独特的"吸-返水效应"，使得混凝土易离析泌水或堵管，因此需要增加铬铁渣混凝土的保水性能，提升混凝土工作性能。在保持减水剂母液组分不变的前提下，增加羟丙基甲基纤维素醚保水增黏组分，优化其掺量（胶凝材料用量百分比），测试结果见表2-17。

表2-17　保水剂对混凝土工作性能的影响

编号	掺量（％）	倒塌时间（s）	0h坍落度（mm）	1h坍落度（mm）	2h坍落度（mm）
1	0	27	180	160	110
2	0.01	22	210	190	180

编号	掺量 （%）	倒塌时间 （s）	0h 坍落度 （mm）	1h 坍落度 （mm）	2h 坍落度 （mm）
3	0.03	11	240	220	200
4	0.05	19	220	200	180
5	0.07	38	200	180	160

由表 2-17 可以看出，羟丙基甲基纤维素醚的加入对铬铁渣集料混凝土工作性能的影响明显，混凝土的包裹性能变好，坍落度经时损失明显减小。随着羟丙基甲基纤维素醚的增加，新拌混凝土的坍落度先增大后减小，倒塌时间先减小后变大，当羟丙基甲基纤维素醚的掺量为 0.03%时，混凝土拌合物的工作性能达到最佳，倒塌时间为 11s，初始坍落度为 240mm，2h 坍落度为 200mm，混凝土泵送性能最佳，利于泵送施工。

3. 优化配合比（不同强度等级）

表 2-18 为通过试验得到的各强度等级优选铬铁渣混凝土配合比，分别为 C30 铬铁渣混凝土、C40 铬铁渣混凝土、C50 铬铁渣泵送混凝土和 C50 铬铁渣混凝土，对应编号为 A、B、C、D；采用普通集料分别配制 C30 普通集料混凝土、C40 普通集料混凝土、C50 泵送普通集料混凝土和 C50 普通集料混凝土，对应编号分别为 AP、BP、CP、DP。各组配合比制备的样品性能测试结果见表 2-19。据此可以得出，普通铬铁渣混凝土与同强度等级的普通混凝土在胶凝材料用量相同的条件下，其 7d、28d 立方体抗压强度与普通混凝土的抗压强度相当，7d、28d 抗折强度优于普通混凝土的抗折强度，28d 抗折强度均大于 5.0MPa，7d、28d 铬铁渣混凝土的劈裂抗拉强度与普通混凝土劈裂抗拉强度差别不大，铬铁渣混凝土的弹性模量与普通混凝土的弹性模量相差较小，28d 龄期时均大于 3.4×10^4MPa，能够很好地满足混凝土的设计要求。

表 2-18　铬铁渣及普通混凝土优选配合比及工作性能

序号	水泥	粉煤灰	砂 （内掺石粉10%）	粗集料	纤维素醚 （‰）	减水剂 （%）	水	坍落度 （mm）	2h 坍落度 （mm）
A	220	170	834	1155	0.3	0.7	145	210	170
B	310	150	821	1093	0.3	0.8	172	210	170
C	420	70	816	1138	0.3	1.1	162	200	160
D	370	60	873	1166	—	1.1	138	160	120（1h）
AP	220	170	811	1079	0	0.6	144	200	150

续表

序号	水泥	粉煤灰	砂 （内掺石粉10%）	粗集料	纤维素醚 （‰）	减水剂 （%）	水	坍落度 （mm）	2h 坍落度 （mm）
BP	310	150	807	1147	0	0.8	167	210	160
CP	420	70	769	1060	0	0.8	157	210	140
DP	370	60	828	1111	0	0.9	133	160	100（1h）

表 2-19　各强度等级铬铁渣及普通混凝土的物理力学性能

序号	抗压强度 （MPa）		抗折强度 （MPa）		劈裂抗拉 （MPa）		静弹性模量 （×10⁴MPa）	
	7d	28d	7d	28d	7d	28d	7d	28d
A	26.7	42.2	3.1	5.1	2.6	4.1	3.11	3.49
B	35.8	52.4	3.2	5.5	3.2	4.2	3.15	3.63
C	47.5	61.7	3.3	6.0	4.3	5.8	3.38	3.85
D	52.6	62.5	3.6	6.5	4.8	5.9	3.29	3.79
AP	24.4	41.3	2.9	5.1	2.5	3.9	2.99	3.45
BP	32.4	52.0	3.0	5.3	2.8	4.1	3.13	3.61
CP	47.2	65.0	3.1	5.8	4.1	5.7	3.30	3.80
DP	48.9	63.4	3.4	6.4	4.9	5.8	3.20	3.79

2.2.3　耐久性

1. 原料与试验方案

本试验采用干湿循环法评定铬铁渣混凝土抗硫酸盐侵蚀性能，以能够经受的最大干湿循环次数来表示混凝土抗硫酸盐侵蚀性能，当混凝土试件的抗压强度耐蚀系数达到75%，或者混凝土的干湿循环次数达到150次或到达设计要求时，则可以停止试验。混凝土抗压强度耐蚀系数应按下式进行计算：

$$K_f = \frac{f_{cn}}{f_{c0}} \times 100$$

式中　K_f——抗压强度耐蚀系数（%）；

　　　f_{cn}——N 次干湿循环后受硫酸盐腐蚀的一组混凝土试件的抗压强度测定值（MPa），精确至0.1MPa；

　　　f_{c0}——同龄期的标准养护的对比混凝土试件的抗压强度测定值（MPa），精确至0.1MPa。

测定混凝土收缩时以 100mm×100mm×515mm 的棱柱体试件为标准

试件，混凝土收缩值应按下式计算：

$$\varepsilon_{st} = \frac{L_0 - L_t}{L_b}$$

式中　ε_{st}——试验龄期为 t 天的混凝土收缩值，t 从测定初始长度时算起；

L_b——试件的测量标距，用混凝土收缩仪测定时应等于两测头内侧的距离；

L_0——试件长度的初始读数（mm）；

L_t——试件在试验龄期 t 天时的长度（mm）。

水压力法和快速氯离子（Cl^-）渗透试验方法都可用于评价混凝土的抗渗透性。试验用两种方法进行测试来对比分析，按标准对不同强度等级的铬铁渣混凝土进行测试。试验水压从 0.1MPa 开始，每间隔 8h 增加水压 0.1MPa，并观察端面情况。当 6 个试件中有 3 个试件表面出现渗水时，或加至规定压力后在 8h 内 6 个试件中出现表面渗水的试件小于 3 个，可停止试验，并记录此时的水压力。在试验过程中，发现水从试件周边渗出时，则需重新密封。

采用快速氯离子（Cl^-）渗透试验方法测定混凝土中 Cl^- 非稳态快速迁移的扩散系数，试验试件尺寸为直径 100mm，高度 $h = 50$mm 的圆柱体，试验龄期为 56d。

抗碳化试验采用快速碳化法，标准碳化箱，100mm × 100mm × 100mm 规格的混凝土试块。

2. 抗渗性能

表 2-20　铬铁渣混凝土抗渗性能

配合比编号	抗渗压力（MPa）	抗渗等级
A	1.2	P10
B	1.3	P11
C	1.7	P15
D	1.6	P14

由表 2-20 可以看出，铬铁渣混凝土抗水渗透等级随着强度等级的提高而增大，各强度等级的铬铁渣混凝土抗渗等级均大于 P10，C50 泵送铬铁渣混凝土抗渗等级为 P15，铬铁渣混凝土整体密实，抗渗性能良好，可以满足高性能混凝土的性能要求。

表 2-21　混凝土的 Cl^- 扩散系数

配合比编号	56d Cl^- 扩散系数（$\times 10^{-12} m^2/s$）	配合比编号	56d Cl^- 扩散系数（$\times 10^{-12} m^2/s$）
A	2.46	AP	2.57
B	2.12	BP	2.23
C	1.43	CP	1.54
D	1.14	DP	1.23

从表 2-21 中看出，铬铁渣混凝土 56d Cl^- 扩散系数略小于普通混凝土，并且随着强度等级增加，Cl^- 扩散系数呈降低趋势，C30 抗 Cl^- 渗透系数 $<2.5 \times 10^{-12} m^2/s$，C50 $<1.5 \times 10^{-12} m^2/s$，高强度等级有利于铬铁渣混凝土的使用寿命，铬铁渣集料对混凝土的 Cl^- 扩散系数未带来负面影响，不同强度等级的碳铬渣混凝土均能满足使用要求。

3. 抗碳化性能

表 2-22　各等级混凝土碳化深度

试件编号	平均碳化深度（mm）			
	3d	7d	14d	28d
A	0	1.0	2.0	4.0
B	0	1.0	1.5	3.0
C	0	0	1.0	2.0
D	0	0	1.0	2.0
AP	0	1.0	3.0	4.0
BP	0	1.0	3.0	4.0
CP	0	1.0	2.0	3.0
DP	0	1.0	2.0	3.0

从表 2-22 可以看出，铬铁渣混凝土与同强度等级的普通碎石混凝土的抗碳化性能相近，所测龄期碳化深度均小于 10mm，说明经过优化设计的各组混凝土配合比能较好满足抗碳化的性能要求，所得铬铁渣混凝土结构密实，有助于提升混凝土结构的稳定性和服役寿命。

4. 抗硫酸盐侵蚀性能

表 2-23　混凝土抗硫酸盐侵蚀性能试验结果

编号	设计抗硫酸盐等级	90 次循环 K_f（%）	编号	设计抗硫酸盐等级	90 次循环 K_f（%）
A	KS90	84	AP	KS90	85

续表

编号	设计抗硫酸盐等级	90 次循环 K_f（%）	编号	设计抗硫酸盐等级	90 次循环 K_f（%）
B	KS91	86	BP	KS91	87
C	KS94	92	CP	KS94	93
D	KS95	93	DP	KS95	92

从表 2-23 看出，铬铁渣混凝土与同强度等级的普通碎石混凝土的抗硫酸盐侵蚀性能差别不大，都具有良好的抗硫酸盐侵蚀性能。从表 2-23 中还可看到，随着铬铁渣混凝土强度等级的提高，水灰比的降低，混凝土内部结构更加密实，孔隙率降低，水泥石中自由水含量减小，抗硫酸盐侵蚀性能提高。当混凝土结构周围环境中硫酸盐浓度较大时，硫酸盐离子渗透到水泥石内部与一些固相成分发生化学反应，生成难溶的盐类矿物。这些盐类矿物不但可以形成钙矾石、石膏等膨胀性产物而引起膨胀、开裂和剥落，也可使硬化水泥石中的氢氧化钙和水化硅酸钙等组分溶出或分解，导致粘结性和强度损失，造成混凝土的硫酸盐侵蚀破坏。

5. 体积稳定性

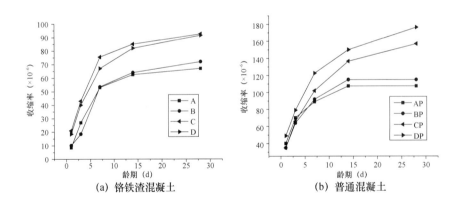

（a）铬铁渣混凝土　　　　　　　　（b）普通混凝土

图 2-6　不同等级混凝土的自收缩

由图 2-6 试验结果可以看到，铬铁渣混凝土自收缩率小于同强度等级的普通碎石混凝土，特别是早期混凝土的自收缩。C30 铬铁渣混凝土的 1d、3d、7d、14d 和 28d 自收缩值分别比普通集料混凝土降低了 77.1%、61.4%、38.3%、42.0% 和 38.1%，C50 铬铁渣混凝土的 1d、3d、7d、14d 和 28d 自收缩值分别比普通集料混凝土降低了 40.0%、32.9%、25.0%、39.6% 和 40.2%。掺入铬铁渣集料，有效地减小了混凝土构件的收缩值，减小裂缝产生的可能性，提高了混凝土的耐久性能。原因在于铬铁渣具有多孔的结构，孔的尺度远远大于水泥基材料中毛细孔的尺度，当水泥水化使得内部相对湿度降低时，铬铁渣集料内部的水将逐渐向硬化水泥浆体迁移，形成内养护，阻止内部相对湿度的降低，降低毛细管张力，从而达到降低自收缩的目的。

由图 2-7 试验结果可以看到，铬铁渣混凝土的干燥收缩值小于相同强度等级的普通碎石混凝土，采用铬铁渣作为集料同样可以降低混凝土干缩值，而且对于早期的干燥收缩减小得更加明显。铬铁渣集料 C50 混凝土 1d、3d、7d、14d、28d、60d 和 90d 干缩值分别比普通混凝土降低了 34.5%、36.9%、33.3%、30.7%、20.6%、19.3% 和 18.6%。

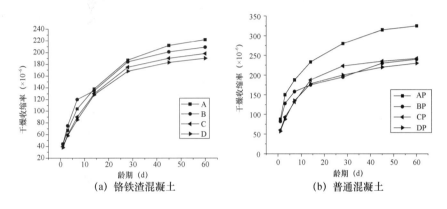

图 2-7　不同等级混凝土的干燥收缩

2.3　铬铁渣集料水工混凝土

2.3.1　配合比设计与原料性能

铬铁渣集料是一种由固体废物制备的新型绿色砂石集料，前述初步研究结果显示，铬铁渣集料可以完全或部分代替天然砂石集料用于制备普通混凝土。本小节进一步对铬铁渣集料在水工混凝土结构与工程中的应用展开相关基础研究，为铬铁渣集料水工混凝土的推广应用提供数据支撑和理论基础，期望进一步开拓铬铁渣集料的工程应用范围。依据《水工混凝土配合比设计规程》（DL/T 5330—2015）的要求，结合大渡河枕头坝一级水电站工程建设的实践，根据结构稳定、应力、强度、耐久性和温控防裂等特点划分，设计制备了坝体大体积常态混凝土（$C_{90}15W6F100$）、结构混凝土（C20W6F100）、结构混凝土（C25W6F100）、坝体上游面碾压混凝土（$C_{90}20W8F100$）和碾压混凝土（$C_{90}15W6F100$），对应编号为 C-15、C-20、C-25、N-20 和 N-15 等 5 种水工混凝土。本工程混凝土计算配制强度见表 2-24。其中，概率度系数 t 值按照表 2-25 选用，标

准差 σ 值按照表 2-26 选用。

原料检测、混凝土性能测试严格依据水工混凝土相关规范（规程）进行，本次试验所采用的规程、规范包括：《水工混凝土试验规程》（DL/T 5150—2017）、《水工混凝土施工规范》（DL/T 5144—2015）、《水工碾压混凝土试验规程》（DL/T 5433—2009）、《水工碾压混凝土施工规范》（DL/T 5112—2009）、《水工混凝土砂石骨料试验规程》（DL/T 5151—2014）、《水泥胶砂强度检验方法（ISO 法）》（GB/T 17671—1999）、《水泥标准稠度用水量、凝结时间、安定性检验方法》（GB/T 1346—2011）等。

根据现行《水工混凝土施工规范》（DL/T 5144—2015）中"配合比选定"的有关要求，混凝土配制强度按下式计算：

$$f_{cu,0} = f_{cu,k} + t\sigma$$

式中 $f_{cu,0}$——混凝土的配制强度（MPa）；

      $f_{cu,k}$——混凝土设计龄期的强度标准值（MPa）；

      t——概率度系数，依据保证率 P 选定；

      σ——混凝土强度标准差（MPa）。

表 2-24   混凝土配制强度

编号	混凝土设计等级	使用部位	石子级配	强度标准值 $f_{cu,k}$（MPa）	强度保证率（%）	概率度系数（t）	强度标准差 σ_c（MPa）	配制强度 $f_{cu,0}$（MPa）
C-15	$C_{90}15W6F100$	坝体大体积混凝土	三	15	85	1.04	3.5	18.6
C-20	C20W6F100	结构混凝土	三	20	95	1.65	4	26.6
C-25	C25W6F100	结构混凝土	三	25	95	1.65	4	31.6
N-20	$C_{90}20W8F100$	上游面碾压混凝土	二	20	85	1.04	4	24.2
N-15	$C_{90}15W6F100$	碾压混凝土	三	15	85	1.04	3.5	18.6

表 2-25   保证率和概率度系数的关系

保证率 P（%）	70	75	80	84.1	85	90	95	97.7	99.9
概率度系数 t	0.525	0.675	0.84	1	1.04	1.28	1.645	2	3

表 2-26 标准差 σ 选用值

混凝土强度标准值（MPa）	≤C₉₀15	C₉₀20 ~ C₉₀25	C₉₀30 ~ C₉₀35	C₉₀40 ~ C₉₀45	≥C₉₀50
混凝土抗压强度标准差 σ（MPa）	3.5	4	4.5	5	5.5

依据《通用硅酸盐水泥》（GB 175—2007）、《水工混凝土掺用粉煤灰技术规范》（DL/T 5055—2007）和《混凝土外加剂》（GB 8076—2008）的相关要求，检测水泥、粉煤灰和外加剂（减水剂、引气剂）的各项综合指标，结果显示均符合标准要求。其中，水泥选用四川峨胜水泥集团股份有限公司生产的 P·O 42.5 普通硅酸盐水泥，化学分析结果见表 2-27，物理力学性能见表 2-28。粉煤灰由四川涛峰粉煤灰贸易有限公司提供，性能检测结果见表 2-29。外加剂选用了石家庄长安育才建材公司生产的 GK-4A 缓凝高效减水剂，陕西隆生混凝土外加剂有限公司生产的 DH-9A 引气剂，二者的性能试验结果见表 2-30 和表 2-31。

表 2-27 峨胜 P·O 42.5 水泥的化学成分（%）

	烧失量	SO₃	MgO	SiO₂	CaO	Fe₂O₃	Al₂O₃	K₂O	Na₂O	碱含量	氯离子
峨胜 P·O 42.5	3.1	3.4	1.61	18.16	65.22	3.52	4.18	0.48	0.11	0.43	0.03
GB 175—2007	≤5.0	≤3.5	≤5.0	—	—	—	—	—	≤0.6	≤0.06

表 2-28 峨胜 P·O 42.5 水泥的物理力学性能

	标准稠度（%）	比表面积（m²/kg）	凝结时间（min）		抗折强度（MPa）		抗压强度（MPa）		安定性
			初凝	终凝	3d	28d	3d	28d	
峨胜 P·O 42.5	25.2	364.2	161	211	6.6	9.7	33	50.9	合格
GB 175—2007	—	≥300	≥45	≤600	≥3.5	≥6.5	≥17.0	≥42.5	合格

表 2-29 粉煤灰性能检测结果

	细度（%）（45μm）	需水量比（%）	烧失量（%）	含水量（%）	SO₃（%）	检测结果
犍为粉煤灰	19.1	98.4	3.5	0.7	0.15	Ⅱ级灰

续表

	细度（%）（45μm）	需水量比（%）	烧失量（%）	含水量（%）	SO_3（%）	检测结果
DL/T 5055—2007（Ⅰ级灰）	≤12	≤95	≤5	≤1	≤3	—
DL/T 5055—2007（Ⅱ级灰）	≤20	≤105	≤8	≤1	≤3	—

表 2-30　缓凝高效减水剂的性能检测结果

	掺量（%）	减水率（%）	含气量（%）	泌水率比（%）	凝结时间差（min）		抗压强度比（%）	
					初凝	终凝	7d	28d
GK-4A	0.8	20.6	2.2	50	+260	+242	150	135
GB 8076—2008	—	≥14	≤4.5	≤100	> +90	—	≥125	≥120

表 2-31　引气剂的性能试验结果

	掺量（%）	减水率（%）	含气量（%）	泌水率比（%）	凝结时间差（min）		抗压强度比（%）		
					初凝	终凝	3d	7d	28d
DH-9A	0.8/万	6.5	4.6	42	46	42	110	102	96
GB 8076—2008	—	≥6	≥3.0	≤70	−90 ~ +120		≥95	≥95	≥90

2.3.2　物理力学性能

表 2-32　铬铁渣水工混凝土基础配合比

配合比编号	混凝土设计等级	使用部位	水胶比	砂率（%）	水	水泥	粉煤灰 kg/m³	粉煤灰 %	砂	小石	中石	大石
C-15	$C_{90}15W6F100$	坝体大体积混凝土	0.55	34	148	161	107	40	735	381	381	509
C-20	C20W6F100	结构混凝土	0.50	33	148	207	88	30	707	384	384	512
C-25	C25W6F100	结构混凝土	0.46	32	148	241	80	25	679	386	386	514
N-20	$C_{90}20W8F100$	上游面碾压混凝土	0.48	39	136	127	155	55	843	479	718	0
N-15	$C_{90}15W6F100$	碾压混凝土	0.57	36	122	96	117	55	825	392	523	392

表 2-33　铬铁渣水工混凝土物理力学性能

配合比编号	密度（kg/m³）	坍落度（cm）	含气量（%）	极限拉伸值（×10⁻⁴）				抗压弹模（GPa）			凝结时间（min）	
				7d	28d	90d	180d	28d	90d	180d	初凝	终凝
C-15	2482	5~7	3~5	0.58	0.70	0.86	1.02	28.6	34.7	38.0	22:26	29:32
C-20	2476	5~7	3~5	0.63	0.83	1.07	1.35	32.0	36.8	41.5	21:36	28:40
C-25	2470	5~7	3~5	0.70	0.89	1.28	1.46	34.9	37.7	43.6	21:06	28:04
N-20	2460	—	3~4	0.55	0.68	0.80	0.91	27.5	35.2	38.6	25:10	30:24
N-15	2510	—	3~5	0.49	0.60	0.72	0.84	25.5	33.8	37.7	25:52	30:55

　　试配过程中发现，采用首次计算所得配合比拌制铬铁渣集料水工混凝土时，常态混凝土震动成型过程中出现集料上浮现象，有轻微的离析、泌水情况，混凝土和易性一般，同时，新拌碾压混凝土填充密实欠佳，可碾性有待提升。为了保证混凝土拌合物具备良好的工作性能，满足施工要求，选取混凝土的胶凝材料用量、水灰比和砂率三个参数进行优化调整，最终得到如表 2-32 所示的铬铁渣集料水工混凝土基础配合比，其中，碾压混凝土 N-20 和 N-15 的 V_c 值控制在 2~5s 范围，综合物理性能的检测结果如表 2-33 所示，抗压强度和轴拉强度如图 2-8 所示。

　　结合表 2-33 和图 2-8 可知，铬铁渣集料水工混凝土的各项物理力学性能均达到设计要求值，随养护龄期的延长，抗压强度和轴拉强度的发展规律与普通集料水工混凝土一致，未见明显差异。本次试验范围内的各项检测结果均表明，铬铁渣集料可用于水工混凝土的制备，铬铁渣集料水工混凝土的物理力学性能可以满足水工工程建设的需要。

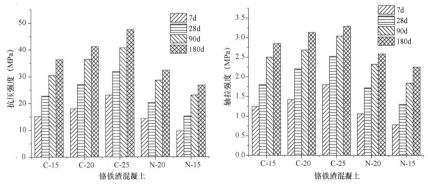

图 2-8　铬铁渣集料水工混凝土力学性能

2.3.3　耐久性

　　抗冻试验：按照《水工混凝土试验规程》（DL/T 5150—2017）中 4.26 "混凝土抗冻性试验"的规定，采用快冻法进行试验，当混凝土的相对动弹模量降至60%或质量损失达到5%时，判定混凝土已经冻融破坏，结束试验（图2-9）。

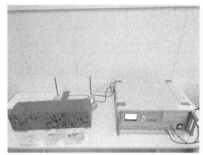

图2-9　铬铁渣集料水工混凝土抗冻性测试

抗渗试验：按照《水工混凝土试验规程》（DL/T 5150—2017）的规定用逐级加压法进行试验。试验时，水压从0.1MPa开始，并每隔8h增加0.1MPa，当6个试件中有3个表面出现渗水，或至规定压力（设计抗渗等级）且在8h内表面渗水试件少于3个时，即可停止试验。

干燥收缩：采用规格为100mm×100mm×515mm的棱状体金属试模，两端埋设不锈的金属测头，试模放置在室内温度控制在20℃±2℃、相对湿度60%±5%的恒温干缩室内，采用测量精度为0.01mm的弓形螺旋测微计进行测量，测定基准长度后，试件的干缩龄期以测定基准长度后算起，干缩龄期为3d、7d、14d、28d、60d、90d、180d或指定的干缩龄期（图2-10）。

图2-10　混凝土干缩试验实物图

徐变性能：按照《水工混凝土试验规程》（DL/T 5150—2017）中 4.10"混凝土压缩徐变试验"进行，试验在温度为（20±2）℃的恒温室内进行，采用弹簧式压缩徐变仪，南京电力自动化设备总厂生产的 DI-25 型差动式电阻应变计及 SQ-5 数字式电桥，加荷设备为油压千斤顶（图 2-11）。

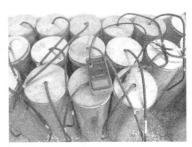

图 2-11　徐变试件及温度补偿试件实物图

1. 抗冻性能

抗冻性是指混凝土在水饱和状态下经受多次冻融循环作用而不发生破坏（性能显著下降）的能力，是混凝土抵抗环境水侵入和剧烈温度波动能力的综合体现，故抗冻性是混凝土耐久性的重要指标之一，特别是高原高寒极端严酷环境中服役的水工混凝土。目前，以静水压假说和渗透压假说为代表的抗冻性的原因解释和机理研究得到了广泛的认可，平均气泡间距系数是衡量混凝土抗冻性的重要定量指标，据此理论提出的"主动引气"技术手段已得到广泛应用。此外，水胶比、强度等级以及水泥、掺合料和集料等原料性能和用量对混凝土的抗冻性也有至关重要的影响。故铬铁渣集料水工混凝土的抗冻性能及其发展变化规律是必须重视和研究的问题之一。由图 2-12 可知，所设计的各等级混凝土基本满足抗冻性要求（图 2-12）。

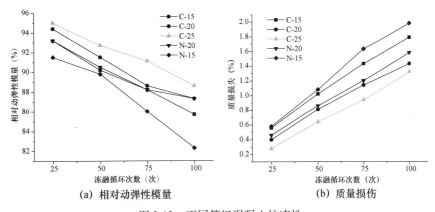

图 2-12　不同等级混凝土抗冻性

2. 抗渗性能

抗渗性是混凝土抵抗压力水渗透能力的指标，一定程度上反映了混凝土抵抗外界水、空气和侵蚀性介质对混凝土组成和结构造成损伤的能力，综合耐久性性能的优劣与抗渗等级密切相关。由表 2-34 可知，所配制不同类型的铬铁渣集料水工混凝土均能满足设计要求，说明铬铁渣集料不会对水工混凝土的抗渗性能带来不良影响。

表 2-34　铬铁渣水工混凝土抗渗性能

编号	混凝土强度等级	部位	水压力（MPa）	平均渗水高度（cm）	抗渗等级	试验龄期
C-15	$C_{90}15W6F100$	坝体大体积混凝土	0.7	4.6	W6	90d
C-20	C20W6F100	结构混凝土	0.7	3.9	W6	28d
C-25	C25W6F100	结构混凝土	0.7	3.8	W6	28d
N-20	$C_{90}20W8F100$	上游面碾压混凝土	0.9	5.0	W8	90d
N-15	$C_{90}15W6F100$	碾压混凝土	0.7	4.8	W6	90d

3. 体积稳定性

收缩导致的混凝土裂缝和开裂是混凝土材料及其结构中常见的破坏形式，且作用和影响将伴随混凝土服役的全生命周期。长期以来，减小混凝土的收缩（提高抗裂性能）已经成为混凝土工程技术中的一项重大课题，并在混凝土的收缩补偿和裂缝控制技术方面取得了可喜的成绩。混凝土在浇注成型，硬化体结构形成和稳定过程中必然伴随水分散失、化学反应以及温度波动等一系列物理化学变化，这是混凝土收缩的本质原因。因此，用水量、胶凝材料（水泥和掺合料）、外加剂、配合比，以及施工和服役环境的温度、湿度情况均能显著影响混凝土的收缩变化规律。此外，混凝土中体积占比最大的集料，也是收缩的主要影响因素之一，集料的种类、弹性模量、尺寸、形状、级配以及表面物理化学性能等综合因素决定了集料在混凝土中的总体表现（抑制或者增加收缩）。

图 2-13 反映了铬铁渣集料水工混凝土随龄期延长，干燥收缩的变化规律。可见，随养护龄期的增加，铬铁渣集料水工混凝土的干燥收缩变形量逐渐增大，与普通集料水工混凝土的变化规律相似，其中，碾压混凝土（N-20 和 N-15）在各个龄期的干燥收缩率均明显低于常态混凝土。铬铁渣集料水工混凝土的干燥收缩随龄期的变化规律表明，用水量和胶凝材料，特别是水泥用量仍然是该混凝土干燥收缩的主要影响因素。

在结构设计中，徐变是一个不可忽视的重要参数。所谓徐变，是指在混凝土结构服役期间，混凝土结构受到持续荷载的作用，其变形随时间不断增加的现象。影响徐变的因素可分为外部和内部两种，外部因素主要包括荷载应力大小、持荷时间、加荷龄期、环境相对温度和湿度，以及试件（结构）尺寸、形状和约束情况。若忽略加载瞬间产生的弹性变形，则可将徐变简化为相对荷载稳定后的变形量，这样，混凝土的强度（刚度）大小就成为徐变的重要影响因素。因此，原材料、配合比和孔隙率等能决定混凝土强度的内部因素均会对混凝土的徐变产生直接影响。

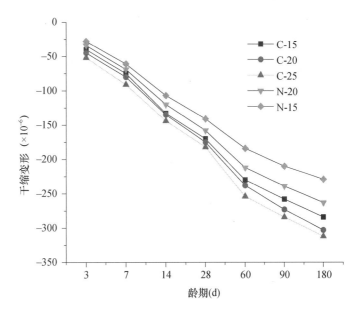

图 2-13　不同等级混凝土的干燥收缩变化规律

从图 2-14 可以看到，强度仍然是铬铁渣集料水工混凝土徐变度的主要影响因素。相同条件下，强度等级越高，强度发展越完全（加荷龄期靠后），徐变度越小；其次，各个等级的混凝土，其徐变度均主要发生在早龄期（60d 前），且在 300d 后基本保持稳定；同时，分别在 180d 和 360d 龄期时加荷，徐变度相差不明显。综合上述分析，铬铁渣集料水工混凝土的徐变变化规律与普通砂石集料水工混凝土相似，满足设计和工程服役需要。

2.4　铬铁渣集料混凝土性能调控

2.4.1　铬铁渣集料混凝土特点

前述结果显示，铬铁渣集料完全可用于制备普通混凝土和水工混凝土，两种混凝土在力学性能，抗渗、抗碳化和抗硫酸盐侵蚀等耐久性，以及体积稳定性方面的综合表现优良。可见，铬铁渣是一种很有前途的新型绿色土木工程材料。综合实验室和现场施工效果来看，铬铁渣集料混凝土的和易性普遍不及传统天然砂石集料，具体表现为：若全部采用铬铁渣粗、细集料，为了保证施工性能和质量，单方用水量和水泥用量需分别增加 25~35kg 和 40~65kg，必然不利于混凝土的成本控制和综合性能调控，特别是对水工混凝土而言，会直接带来新拌混凝土施工难度加大，质量不稳定，以及硬化混凝土水化温升值增加，温控措施难度加大等问题，导致工程复杂程度加大和成本增加。

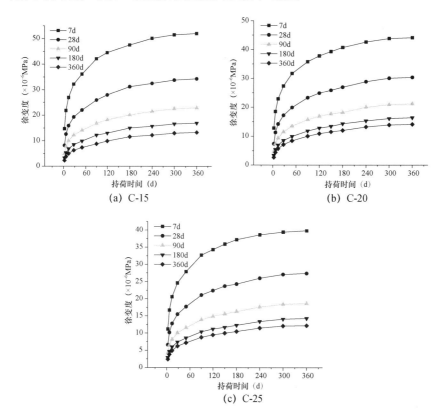

图 2-14　不同等级常态混凝土的徐变性能变化规律

新拌混凝土在搅拌、输送、捣实和抹面等施工过程中，其稳定性和匀质性很大程度上决定了混凝土设计性能的发挥，对混凝土的使用性能、长期耐久性和服役寿命等影响深远。对铬铁渣普通混凝土而言，采用调整配合比和引入外加剂的方式基本可以解决和易性不佳问题，可灵活选用解决方案。但就水工混凝土而言，工程量巨大，复杂程度高，且水泥用量较小，配合比小幅调整也会产生一系列连带效应，增加了工程设计和施工难度。因此，本小节将重点围绕新拌铬铁渣水工混凝土的和易性、稳定性和匀质性问题，为该问题提供科学合理、高效经济的解决方案和技术措施。

试验结果和理论分析均可证明，铬铁渣表面粗糙多孔是其区别于普通砂石集料的主要特征，也是造成新拌铬铁渣混凝土用水量和水泥用量增加的原因所在，进一步分析，铬铁渣砂的颗粒更细小，破碎过程中更易产生孔隙。事实上，本书所用铬铁渣砂饱和吸水率3.8%，分别为铬铁渣粗集料和普通河砂的近3~4倍，将铬铁渣粗集料筛分为三级配，测试大石（80~40mm）、中石（40~20mm）、小石（20~5mm）的饱和吸水率，分别为1.02%、1.22%和1.82%，与传统天然（人工）粗集料相近。

综合上述分析，采用铬铁渣粗集料+河砂（机制砂）则成为解决铬铁渣混凝土，特别是水工混凝土（低水泥用量）新拌混凝土和易性和稳定性欠佳，保证施工进展和施工质量的可靠、简便和高效的优选方案。在2.3节的工作基础上，经过大量的试配工作，最终确定铬铁渣粗集料+河砂水工混凝土（以下简称铬铁渣粗集料混凝土）的基础配合比如表2-35所示。

表2-35　铬铁渣粗集料混凝土基础配合比

	混凝土设计等级	水胶比	砂率（%）	水	水泥	粉煤灰		砂	小石	中石	大石
						kg/m³	%				
CH-15	$C_{90}15W6F100$	0.55	33	125	136.4	90.9	40	656	409	409	545
CH-20	C20W6F100	0.50	33	130	182.0	78.0	30	644	401	401	535
CH-25	C25W6F100	0.46	33	128	208.7	69.6	25	642	400	400	533
NH-20	$C_{90}20W8F100$	0.48	39	125	117.2	143.3	55	756	492	739	0
NH-15	$C_{90}15W6F100$	0.57	36	110	86.8	106.2	55	739	403	537	403

由表2-35可知，与全铬铁渣集料混凝土相比（2.3节，表2-32），铬铁渣粗集料混凝土的单方用水量和胶凝材料用量分别减少了10~25kg/m³和20~50kg/m³，这对简化温控措施，控制工程造价，提升施工效率和工程进度有非常重要的意义。理论上，河砂（机制砂）在混凝土材料和结构中以填充作用为主，不同砂石集料在控制主要指标相近时，不会对硬化混凝土的物理力学性能和长期耐久性产生影响。抱着科学、严谨、务实的工作态度，确保铬铁渣粗集料+河砂（机制砂）体系混凝土的零风险，也为这一新体系积累一定基础数据，作者采用2.3节的试验方法，全面测试和分析了表2-33所示配合比铬铁渣粗集料水工混凝土的物理力学性能、绝热温升变化规律、体积稳定性以及部分耐久性，并与全铬铁渣集料（铬铁渣粗集料+铬铁渣细集料）进行了对比分析。

2.4.2 物理力学性能

表 2-36 和表 2-37 是采用铬铁渣粗集料和河砂组成的集料，以保证施工性能为主要目标，配制得到的水工混凝土的各项物理力学性能的测试结果。拌制过程中发现，相较全铬铁渣集料混凝土，该集料体系的新拌混凝土的黏聚性、坍落度和稳定性均有明显改善，同时，其硬化混凝土的抗压强度、轴拉强度、极限拉伸值等各项指标均保持稳定。

表 2-36　铬铁渣粗集料混凝土力学性能

编号	混凝土强度等级	部位	抗压强度（MPa）				
			7d	28d	90d	180d	360d
CH-15	$C_{90}15W6F100$	坝体大体积混凝土	14.9	23.3	31.2	34.7	35.2
CH-20	C20W6F100	结构混凝土	17.9	27.8	35.9	41.7	42.0
CH-25	C25W6F100	结构混凝土	24.1	32.5	41.5	49.1	49.8
NH-20	$C_{90}20W8F100$	上游面碾压混凝土	14.5	20.4	29.1	33.6	34.2
NH-15	$C_{90}15W6F100$	碾压混凝土	9.8	14.6	23.5	27.5	28.4

表 2-37　铬铁渣粗集料混凝土物理性能

编号	密度（kg/m³）	坍落度（cm）	含气量（%）	轴拉强度（MPa）			极限拉伸值（×10^{-4}）		
				7d	28d	90d	7d	28d	90d
CH-15	2480	5~7	3~5	1.29	1.85	2.51	0.55	0.75	0.88
CH-20	2468	5~7	3~5	1.45	2.40	2.45	0.65	0.89	0.87
CH-25	2462	5~7	3~5	2.07	2.58	2.33	0.72	0.90	0.81
NH-20	2455	—	3~4	1.11	1.76	2.38	0.54	0.72	0.83
NH-15	2429	—	3~5	0.80	1.32	1.97	0.48	0.62	0.75

2.4.3 耐久性

测试了铬铁渣粗集料混凝土的抗渗性和抗冻性能，结果列于表 2-38 和表 2-39 中。可以看到，不同等级的混凝土均能满足耐久性设计要求，各项指标与全铬铁渣混凝土相近，基本稳定，也证明了铬铁渣粗集料混凝土的抗冻性能和抗渗性能是稳定、可靠的。

表 2-38　铬铁渣粗集料混凝土抗渗性能

编号	混凝土强度等级	部位	水压力（MPa）	平均渗水高度（cm）	抗渗等级	试验龄期
C-15	$C_{90}15W6F100$	坝体大体积混凝土	0.7	4.3	W6	90d

续表

编号	混凝土强度等级	部位	水压力（MPa）	平均渗水高度（cm）	抗渗等级	试验龄期
C-20	C20W6F100	结构混凝土	0.7	3.5	W6	28d
C-25	C25W6F100	结构混凝土	0.7	2.7	W6	28d
N-20	$C_{90}20W8F100$	上游面碾压混凝土	0.9	4.8	W8	90d
N-15	$C_{90}15W6F100$	碾压混凝土	0.7	4.6	W6	90d

表 2-39　铬铁渣粗集料混凝土抗冻性能

配合比编号	相对动弹模量（%）				质量损失（%）				抗冻等级	试验龄期
	25 次	50 次	75 次	100 次	25 次	50 次	75 次	100 次		
CH-15	93.5	90.5	88.3	85.9	0.56	0.98	1.36	1.72	F100	90d
CH-20	94.4	92.0	89.1	87.9	0.37	0.80	1.02	1.29	F100	28d
CH-25	94.7	93.3	91.5	89.6	0.26	0.62	0.82	1.15	F100	28d
NH-20	93.0	90.3	87.5	85.6	0.53	0.88	1.11	1.52	F100	90d
NH-15	91.8	90.0	86.5	83.0	0.61	1.06	1.55	1.88	F100	90d

2.4.4　体积稳定性

不同等级混凝土在各龄期的干燥收缩变形量如表 2-40 所示，随龄期增长的变化趋势如图 2-15 所示。总体来看，铬铁渣粗集料混凝土的变形量和变化趋势均与全铬铁渣混凝土相似，各等级混凝土在 180d 龄期时，干燥收缩基本稳定，说明铬铁渣砂（细集料）和河砂在混凝土中的作用一致，对干燥收缩变形的影响较小。

表 2-40　铬铁渣粗集料混凝土干缩变形

配合比编号	干缩变形（$\times 10^{-6}$）						
	3d	7d	14d	28d	60d	90d	180d
CH-15	−44	−80	−139	−177	−238	−263	−288
CH-20	−49	−86	−139	−180	−242	−279	−309
CH-25	−55	−97	−147	−189	−258	−290	−318
NH-20	−40	−77	−128	−163	−218	−244	−269
NH-15	−35	−69	−114	−146	−191	−215	−235

自生体积变形，也称自收缩，是混凝土在恒温绝湿、无外力作用条件下，由胶凝材料水化反应和混凝土结构形成产生的体积收缩（或膨胀）变形，是表征混凝土抗裂性能的重要指标。特别是水工混凝土和大

体积混凝土，其自生体积变形，叠加干燥收缩和温度变形，导致材料和结构开裂破坏的风险大大增加。

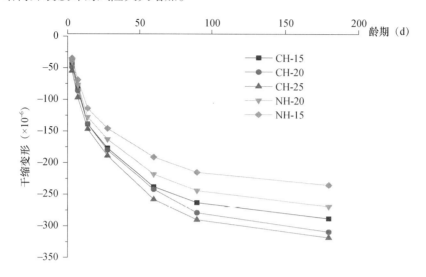

图 2-15　铬铁渣粗集料混凝土干燥收缩变化规律

表 2-41 和图 2-16 的测试结果表明，随测试龄期的延长，铬铁渣粗集料混凝土呈现先收缩，后缓慢膨胀，在 30～90d 龄期时逐渐转为微膨胀，并在 180d 龄期时逐步稳定，这将有利于混凝土材料与结构的整体稳定性，降低收缩、开裂风险。

表 2-41　铬铁渣粗集料混凝土自生体积变形

编号	1d	3d	7d	14d	21d	28d	42d	60d	90d	120d	150d	180d
CH-15	−0.6	−3.3	−2.8	−1.7	−0.9	−0.2	0.4	1	1.6	2.0	2.3	2.6
CH-20	−0.9	−3.4	−3.5	−3.5	−2.9	−1.5	−1.1	−0.3	0.7	1.2	1.3	1.5
CH-25	−1	−4.3	−4.5	−4.4	−2.7	−1.6	−1.2	−0.7	−0.3	0.5	0.8	0.9
NH-20	−0.8	−4.8	−5.2	−3.4	−2.1	−1.3	−0.5	−0.4	1.1	1.7	2.2	1.9
NH-15	−0.3	−4.1	−4.4	−2.6	−1.5	−0.7	0.3	1.5	2.3	3.1	3.0	3.3

2.5　工程应用案例

为了实现铬铁渣"无害化""减量化"以及"资源化"利用，推动我国铬铁合金行业可持续绿色发展，在上述铬铁渣集料及其混凝土的一系列理论和应用基础研究，以及大量翔实可靠的数据支撑下，不断克服工程施工实践中遇到的技术难题，实现了铬铁渣用作混凝土集料的工业化生产和工程应用。目前，铬铁渣集料及其混凝土已经应用于四川省大渡河枕头坝一级水电站库区 S306 线淹没复建公路、金口河区通村公路工程、鑫河公司厂房等多项工程建设中，累计使用铬铁渣集料 12 余万 m³，共节约砂石 20 万 t，为推动当地节能减排作出了很大贡献，同时节省项目投资 1000 余万元（按铬铁渣较天然集料平均折价 45 元/t 计）（图 2-17 ~ 图 2-19）。

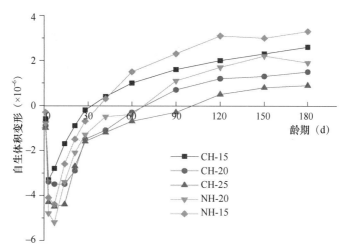

图 2-16　铬铁渣粗集料混凝土自生体积变形

图 2-17　鑫河公司铬铁渣 3 号堆场（四川，乐山，金口河区）

图 2-18　铬铁渣集料生产线与原料堆场

图 2-19　铬铁渣细集料堆场

铬铁渣集料及其混凝土的推广应用，使其性能和价值得到充分发挥，既可变废为宝、保护环境、维持生态平衡，又可节约成本、降低工程投资、利国利民。采用铬铁渣集料制备混凝土结构材料、水泥稳定铬铁渣道路基层、底基层材料，不仅可大量消耗工业固体废弃物，又可显著减少天然砂石用量、节约原材料，减少了工业废渣排放的环境压力。更重要的是，上述项目的顺利实施，为铬铁渣及其混凝土在水电、道路、桥梁、隧道、建筑等土木工程领域的工程应用提供大量宝贵的数据和技术支持，积累了丰富的设计施工经验。粗略估计，相关技术成果的推广，将带动全国每年近 3500 万 t 铬铁渣的资源化利用，则至少可产生直接经济效益 158 亿元，更会带来巨大的间接经济效益和社会效益。

2.5.1　水利工程

1. 工程概况

项目名称：四川省大渡河枕头坝一级水电站库区 S306 线淹没复建公路

枕头坝一级水电站为大渡河干流水电梯级规划的第十九个梯级，位于四川省乐山市金口河区，坝址位于大沙坝到月儿坝河段，距成都市约 260km。坝址处控制流域面积 73057km^2，多年平均流量 1360m^3/s，库区蓄水后将淹没 S306 公路大约 15 千米，需要复建（以下简称 S306 线淹没复建公路）。S306 线淹没复建公路工程全线采用双车道二级公路标准建设，路基宽 8.5m、路面宽 7m，路面结构采用 4cm 细粒式沥青混凝土 AC-13C + 6cm 中粒式沥青混凝土 AC-20C 面层 + 25cm5% 水泥稳定矿渣基层 + 25cm5% 水泥稳定矿渣底基层，路面总厚 60cm。

2013 年 8 月，设计单位"中国水电顾问集团贵阳勘察设计研究院大渡河枕头坝水电站库区 S306 公路复建设计项目部"特向工程施工单位"国电大渡河枕头坝水电建设有限公司"发出工程设计调整通知书：《关于库区 S306 线淹没复建公路Ⅰ标段路面结构、土路肩及护面墙局部调整的通知》（ZTB/S306-Ⅰ字第 020 号）。调整后的具体路面结构型式为：4cm 细粒式沥青混凝土 AC-13C +6cm 中粒式沥青混凝土 AC-20C 面层 + 25cm 厚 5% 水泥稳定铬铁渣基层 +20cm 3% 水泥稳定铬铁渣底基层，路面总厚 55cm。

通知指出，"铬铁渣集料用于公路基层与底基层可以满足设计要求；同时，铬铁渣作为一种工业固体废弃物，在价格方面有较大优势，推动在此工程的应用，不仅可以对其进行资源化利用、保护环境，又可提高工程质量、降低造价"。

2. 工地原材料与施工配合比

路面设计根据本项目的功能、使用要求及所处地区的气候、水文、地质等自然条件，结合本地区公路路面建设经验以及沿线筑路材料的供应情况进行路基、路面综合设计。遵循技术先进、经济合理、安全适用、合理选材、方便施工、利于养护的设计原则。

根据《公路沥青路面设计规范》（JTG D50—2017）和不同路段预测交通量、车型比例等进行分析计算。以弯沉及沥青层层底拉应力为设计指标时，设计年限内每个车道累计当量轴次为 4.29×10^6 次；以半刚性基层层底拉应力为设计指标时，设计年限内每个车道累计当量轴次为 2.99×10^6 次。确定路面设计交通等级为重交通等级。根据以往工程的材料试验结果，参考规范的推荐值，拟定路面结构层材料的计算参考值，见表 2-42，结构层验算成果如表 2-43 所示，碎石级配设计要求如表 2-44 所示。

表 2-42　沥青混合材料设计参数

材料名称	型式	20℃抗压回弹模量（MPa）	15℃抗压回弹模量（MPa）	劈裂强度（MPa）
细粒式沥青混凝土	AC-13C	1400	2000	1.4
中粒式沥青混凝土	AC-20C	1200	1600	0.9
水泥稳定铬铁渣基层	5% 水泥掺量	1500		0.52
水泥稳定铬铁渣底基层	3% 水泥掺量	1400		0.47

表 2-43　结构层应力验算结果

材料名称	厚度（cm）	交工验收弯沉值（0.01mm）	层底最大拉应力（MPa）	容许拉应力（MPa）
AC-13C	4	21	−0.252	0.62
AC-20C	5	24	−0.123	0.51
水泥稳定铬铁渣基层	25	27.4	0.033	0.23
水泥稳定铬铁渣底基层	20	55.2	0.122	0.21
路基顶面		260		

表 2-44　水泥稳定碎石底基层、基层的级配范围要求

层　位	通过下列方筛孔（mm）的质量百分率（%）							
	37.5	31.5	19.0	9.50	4.75	2.36	0.60	0.075
基　层		100	90~100	60~80	29~49	15~32	6~20	0~5
底基层	100	93~100	75~90	50~70	29~50	15~35	6~20	0~5

依据上述设计和性能要求，原材料的选用原则与测试结果如下：

（1）水泥应选用初凝时间 3h 以上和终凝时间较长（宜大于 6h），且各项性能指标满足要求的 P·C 32.5 水泥，不得使用快硬水泥、早强水泥及受潮变质的水泥。水泥选用"东森牌"P·C 32.5 复合硅酸盐水泥，基本性能如表 2-45 所示。

表 2-45　水泥物理性能

批号	初凝（min）	终凝（min）	抗折强度（MPa）		抗压强度（MPa）		安定性
			3d	28d	3d	28d	
E-029	238	291	4.0	6.4	18.0	36.6	合格

（2）集料：用于路面基层、底基层的铬铁渣碎石，取自鑫河公司集料场，要求基层石料颗粒的最大粒径不应超过 31.5mm，底基层石料颗粒的最大粒径不应超过 37.5mm，压碎值不大于 35%。委托四川省交通运输厅公路规划勘察设计研究院道桥试验研究所对该集料进行筛分试验（水洗法）、配合设计与检测（表 2-46~表 2-50）。

结果表明：采用铬铁渣经碎石机加工，洁净干燥，无杂质，按表 2-50 给出的配合比进行设计，即（0~4.75mm）：（4.75~9.5mm）：（9.5~19.0mm）：（19.0~37.5mm）=30%：30%：20%：20%，得到的合成级配铬铁渣集料完全满足设计要求，集料磨耗值为 32.2%，压碎值为 21.1%，含泥量为 0.7%，检测结果满足规范要求。

（3）配合比：水泥稳定铬铁渣基层采用骨架密实型混合料。混合料中的铬铁渣碎石级配范围要求见表 2-44，混合料 7d 龄期的无侧限抗压

强度不小于2.8MPa，基层表面压实度≥98%。水泥稳定铬铁渣底基层采用悬浮密实型混合料。混合料中的铬铁渣级配范围要求见表2-44，混合料7d龄期的无侧限抗压强度不小于2.5MPa，底基层表面压实度≥97%。施工时应根据备料情况做施工配合比实验，达到强度要求方可采用，基层水泥用量不应大于5%。

表 2-46　铬铁渣细集料（0~4.75mm）筛分试验（水洗法）

项目	筛孔尺寸（mm）								细度模数
	4.75	2.36	1.18	0.6	0.3	0.15	0.075	0	
分计筛余量（g）	2.6	102.5	124.5	69.9	105.7	42.8	46.5	17.0	
分计筛余率（%）	0.4	18.9	23.0	12.9	19.6	8.0	8.6	0.0	2.80
累计筛余率（%）	0.4	19.4	42.4	55.3	74.8	82.8	91.4	100.0	
通过百分率（%）	99.6	80.6	57.6	44.7	25.2	17.2	8.6	0.0	

表 2-47　铬铁渣粗集料（4.75~9.5mm）筛分试验（水洗法）

项目	筛孔尺寸（mm）										
	16	13.2	9.5	4.75	2.36	1.18	0.6	0.3	0.15	0.075	0
分计筛余率（%）	0.0	1.2	10.8	61.2	22.2	0.2	0.0	0.2	0.3	1.2	0.0
累计筛余率（%）	0.0	1.2	12.0	73.2	95.4	95.7	95.7	95.9	96.2	97.4	100.0
通过百分率（%）	100.0	98.8	88.0	26.8	4.6	4.3	4.3	4.1	3.8	2.6	0.0

表 2-48　铬铁渣粗集料（9.5~19.0mm）筛分试验（水洗法）

项目	筛孔尺寸（mm）										
	19	16	13.2	9.5	4.75	2.36	1.18	0.6	0.3	0.15	0.075	0
分计筛余率(%)	0.0	4.8	24.8	43.0	26.2	0.5	0.0	0.0	0.0	0.0	0.1	0.0
累计筛余率(%)	0.0	4.8	29.7	72.7	98.8	99.4	99.4	99.4	99.4	99.4	99.4	100.0
通过百分率(%)	100.0	95.2	70.3	27.3	1.2	0.7	0.7	0.7	0.7	0.7	0.5	0.0

表 2-49　铬铁渣粗集料（19.0~37.5mm）筛分试验（水洗法）

项目	筛孔尺寸（mm）													
	37.5	31.5	26.0	19.0	16.0	13.2	9.5	4.75	2.36	1.18	0.6	0.3	0.15	0.075	0
分计筛余率（%）	0.0	0.4	6.7	68.8	20.2	27.0	0.4	0.0	0.0	0.0	0.0	0.1	0.0	0.1	0.0
累计筛余率（%）	0.0	0.4	7.0	75.8	96.0	98.7	99.2	99.2	99.2	99.2	99.2	99.4	99.4	99.5	100.0
通过百分率（%）	100.0	99.6	93.0	24.2	4.0	1.3	0.8	0.8	0.8	0.8	0.8	0.7	0.6	0.5	0.0

表 2-50　铬铁渣混合料级配设计

集料	掺配率（％）	通过下列筛孔的百分率							
		37.5	31.5	19.0	9.5	4.75	2.36	0.6	0.075
0~4.75	30.0	100.0	100.0	100.0	100.0	99.6	80.6	44.7	8.6
4.75~9.5	30.0	100.0	100.0	100.0	88.0	26.8	4.6	4.3	2.6
9.5~19.0	20.0	100.0	100.0	100.0	27.3	1.2	0.7	0.7	0.5
19.0~37.5	20.0	100.0	99.6	24.2	0.8	0.8	0.8	0.8	0.5
合成级配（％）		100.0	99.9	84.8	62.0	38.3	25.9	15.0	3.6
设计级配范围（％）		100~100	100~90	90~67	68~45	50~29	38~18	22~8	7~0
中值（％）		100	95	78	56	40	28	15	4

3. 施工工艺及质量控制

路面施工必须按设计要求，严格执行《公路路面基层施工技术细则》（JTG/T F20—2015）、《公路沥青路面施工技术规范》（JTG F40—2017）各条文要求，质量检查标准应符合《公路工程质量检验评定标准　第一册　土建工程》（JTG F80/1—2017）的规定。

基层、底基层采用中心站集中拌和混合料，采用机械摊铺，在正式拌和之前，必须先调试所用的厂拌设备，使混合料的颗粒级配组成和含水量都达到规定的要求，原集料的颗粒组成发生变化时，应重新调试设备。应组织好施工，各工序间紧密衔接，作业段的长度不宜太长，应采用12t以上的压路机碾压，压实厚度应与压实能力匹配，水泥稳定铬铁渣集料底基层的压实度不得低于97％，水泥稳定铬铁渣集料基层的压实度不得低于98％。具体要求如下：

（1）水泥稳定混合料应采用集中厂拌，集中拌和时，不同粒级的铬铁渣粗集料以及细集料都应分开堆放；混合料的含水量应略大于最佳含水量，使混合料运到现场摊铺后碾压时的含水量能接近最佳值；混合料的堆放时间不宜过长，车上的混合料应该覆盖，以减少水分损失；碾压完成后的第二天或者第三天开始养生，每天洒水的次数视气候条件而定，应始终保持表面潮湿，养生期一般为7d。

（2）水泥稳定基层、底基层铺筑时，应组织好施工，各工序间紧密衔接，作业段的长度不宜太长，尽量缩短从拌和完成到完成碾压之间的延迟时间，延迟后混合料的抗压强度不得低于设计强度。延迟时间对混合料强度的影响取决于水泥品种、集料的性质以及施工温度，在施工前必须进行延迟时间对混合料强度影响的实验，确定现场应该控制合适的延迟时间，并使此时水泥稳定混合料的强度仍能满足设计要求。

（3）摊铺混合料时不宜中断，如因故中断时间超过 2h，应设置横向接缝，摊铺机应驶离混合料末端。摊铺时应尽量避免纵向接缝，宜采用两台摊铺机前后相隔 5～10m 同步向前摊铺混合料，并一起碾压。在不能避免纵向接缝的情况下，纵缝必须垂直相接，严禁斜接。

（4）底基层、基层碾压结束后应及时进行压实度检测，底基层、基层养护期间应加以覆盖，以保证其表面湿润，同时严禁车辆在其上通行。底基层、基层顶面的弯沉应在完成后的 14d 内完成检测，采用后轴重 100kN 的标准车［单后轴双轮的载重车，其后轴轴载 P 为（100±1）kN，一侧双轮荷载为（50±0.5）kN，轮胎接地压强 P 为（0.70±0.05）MPa，单轮传压面当量圆半径 r 为（21.3±0.5）cm，轮隙宽度应满足能自由插入弯沉仪测头的要求］进行弯沉检测，检测频率为每车道每 10m 两点。对弯沉值过大的点，应进行局部处理，验收合格后方可进行上一层的施工。

路面基层（底基层）碾压试验场地选择在 S306 线复建公路 K2+180～K2+380 桩号段，共计长度 200m。试验段施工前，对下承层进行检测，检测结果见表 2-51。由表 2-51 可知，下承层检测项目满足设计要求。试验段现场试验信息采集见表 2-52，取各区段的松铺系数的平均值作为最终的松铺系数（1.28）。本项目的施工质量控制标准分别列于表 2-53 和表 2-54。

表 2-51 下承层检测结果

桩号	压实度代表值	弯沉代表值	平整度	纵坡	横坡
K2+180～K2+380	96.2%	224mm^{-2}	12.3mm	-2.18% -0.7%	2%

表 2-52 试验段现场试验信息采集统计表

区段	碾压遍数	松铺厚度（cm）	压实厚度（cm）	松铺系数	压实度平均值	水泥剂量	弯沉值	无侧限抗压强度
A区	7	28	21.5	1.302	98.6%			
B区	7	30	23.2	1.293	98.1%	4.9%	49.7 mm^{-2}	3.6MPa
C区	7	32	24.8	1.290	97.7%			
D区	7	34	27.4	1.241	97.2%			

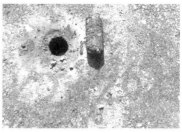

图 2-20　试验段现场钻芯取样

表 2-53　外形尺寸检查项目、频度和质量标准

部位	项目	频度	质量标准
底基层	纵断高程（mm）	二级及二级以下公路每 20 延米 1 点	+5，−20
	厚度（mm）（均值、单个值）	每 1500～2000m² 6 个点	−12，−30
	宽度（mm）	每 40 延米 1 处	+0 以上
	横坡度（%）	每 100 延米 3 处	±0.5
	平整度（mm）	每 200 延米 2 处，每处连续 10 尺（3m 直尺）	15
基层	纵断高程（mm）	二级及二级以下公路每 20 延米 1 点	+15，−15
	厚度（mm）（均值、单个值）	每 1500～2000m² 6 个点	−15，−20
	宽度（mm）	每 40 延米 1 处	+0 以上
	横坡度（%）	每 100 延米 3 处	±0.5
	平整度（mm）	每 200 延米 2 处，每处连续 10 尺	12

表 2-54　质量控制的项目、频度和质量标准

工程类别	项目	频度	质量标准
水泥稳定土	级配	每 2000m² 1 次	在设计范围内
	集料压碎值	据观察，异常时随时试验	不大于 35%（设计要求）
	水泥剂量	每 2000m² 1 次，至少 6 个样品，用滴定法或用直接式测钙仪试验，并与实际水泥用量校核	不小于设计值 −1.0%
	含水量	据观察，异常时随时试验	在设计范围内（含水量略大于最佳含水量）
	拌和均匀性	随时观察	无灰条、灰团，色泽均匀，无离析现象
	压实度	每一作业段或不超过 2000m² 检查 6 次以上	基层表面压实度≥98%，底基层面压实度≥97%（设计要求）

续表

工程类别	项 目	频 度	质量标准
水泥稳定土	抗压强度	稳定粗粒土：每一作业段或每2000m²6个或9个试件	基层抗压强度不小于2.8MPa，底基层抗压强度不小于2.5MPa（设计要求）

4. 施工实拍

摊铺施工现场照片见图2-21，完成道面照片见图2-22。

(a) 铬铁渣集料备料

(b) 准备摊铺

(c) 碾压

(d) 养生

(e) 现场钻芯（K2+238）

(f) 钻芯样品

图2-21 摊铺施工现场

2.5.2 交通工程

1. 工程概况

项目名称：乐山金口河区农村通村公路路面工程

(a) 2014年拍摄　　　　　　(b) 2018年拍摄

图 2-22　道面实拍图

铬铁渣先后应用于乐山市金口河区解放村、灯塔村、蒲梯村、五星村和新乐村等农村通村公路的路面、路肩等工程中，不仅给上述工程节省了投资，同时铬铁渣混凝土的使用性能也得到了实践检验。灯塔村通村水泥路全长 5.0km，路面宽度 3.5m，水泥混凝土路面结构层厚度 18cm，设计抗折强度 4.0MPa。蒲梯村、解放村、新乐村、五星村通村水泥路建设，全长 22km，路基宽度 4.5m，路面宽度 3.5m，路面厚度 18cm，设计抗折强度 4.0MPa。

2. 工地原材料与施工配合比

水泥：采用四川东森集团水泥有限公司生产的"东森"牌 P·C 32.5 水泥，其他项目经检测合格。拌和用水：自来水。细集料：鑫河公司生产的铬铁渣砂，细度模数 2.80。粗集料：鑫河公司生产的铬铁渣集料，粒径为 5～25mm 的连续级配，其他指标检测均合格。粉煤灰：四川嘉阳犍为电厂生产的Ⅱ级粉煤灰。外加剂：石家庄长安育才建材公司生产的 GK-4A 缓凝高效减水剂。

根据设计要求，通村公路路面混凝土要求强度等级为 C25，工地施工混凝土配合比及坍落度见表 2-55。上述工程试验用集料全部为鑫河公司生产的级配铬铁渣，现场测试的混凝土工作性较好，不离析、不泌水，施工便利；混凝土颜色较普通集料混凝土偏深，外观略显粗糙，表面存在少量的麻面及气孔，但混凝土结构的力学性能均匀可靠，实验测试的混凝土 7d、28d 抗压强度分别为 23.3MPa、33.5MPa，完全可满足设计要求。

表 2-55　通村公路用铬铁渣混凝土施工配合比

W/B	材料用量（kg/m³）					减水剂（%）	坍落度（mm）	保水剂（%）
	水	水泥	粉煤灰	渣砂（内掺石粉 8%）	铬铁渣碎石			
0.46	165	270	90	750	1160	3.5	130～150	0.02

3. 施工效果实拍

铬铁渣集料混凝土通村公路路面实景如图 2-23 所示。

(a) 解放村   (b) 蒲梯村

(c) 五星村   (d) 新乐村

图 2-23　铬铁渣集料混凝土通村公路路面工程

2.5.3　建筑工程

1. 工程概况

项目名称：鑫河公司冶炼车间与集料厂办公楼

鑫河公司在各项建设工程中共计使用铬铁渣集料近 30 万 t，主要包括：2014 年，在公司一期扩建工程中使用（聚龙厂冶炼车间），同时，在公司 4×35000kVA 矿热炉及余热发电项目中，用于混凝土堡坎（高度 40m 左右）的建设；2015 年，在公司集料厂办公综合楼项目中，全部使用冶金渣集料，经检测，符合设计质量要求。

2. 工地原材料与施工配合比

鑫河公司一期工程用原材料除水泥为四川东森集团水泥有限公司生产的"东森"牌 P·O 42.5 水泥外，集料全部采用鑫河公司生产的铬铁渣集料。

根据设计要求，按工程现场原材料测试确定的施工配合比与力学性能测试结果见表 2-56。结果表明，铬铁渣集料混凝土的力学性能完全能满足设计要求，通过对集料表面预湿处理、渣砂内掺石粉配以适当的保水剂等改善措施，采用铬铁渣作集料配制的该公司聚龙厂冶炼车间和办公楼所用混凝土拌合物和易性良好，施工性能佳，现场图片见图 2-24。

表 2-56　铬铁渣结构混凝土配合比与性能测试

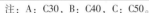

序号	水泥	粉煤灰	铬铁渣砂（掺石粉10%）	铬铁渣粗集料	纤维素醚（%）	PC（%）	水	坍落度（mm）	2h坍落度（mm）	抗压强度（MPa）	
										7d	28d
A	220	170	834	1155	0.03	0.7	145	210	170	26.7	42.2
B	310	150	821	1093	0.03	0.8	172	210	170	35.8	52.4
C	420	70	816	1138	0.03	1.1	162	200	160	47.5	61.7

注：A：C30，B：C40，C：C50。

（a）鑫河公司聚龙厂冶炼车间　　　　（b）鑫河公司集料厂办公楼

图 2-24　铬铁渣在房屋结构中的应用事例

3. 施工工艺及质量控制

本项目中，为了保证施工质量，铬铁渣集料已提前进行预湿 3h。铬铁渣高性能结构混凝土的搅拌、运输以及浇筑和养护等工艺应按以下规范进行：

（1）拌制高性能混凝土的搅拌站（楼），应符合《混凝土搅拌站（楼）》（GB/T 10171—2005）的有关规定。采用的搅拌机应符合《混凝土搅拌机》（GB/T 9142—2000）的规定。铬铁渣混凝土的拌制应采用双卧轴强制式搅拌机，搅拌时间可控制在 90～120s，强度等级较高的混凝土和塑性混凝土可取上限范围。

（2）在搅拌工序中，混凝土搅拌的最短时间应符合《混凝土结构工程施工质量验收规范》（GB 50204—2015）的规定。每一班至少抽查 3 次。

（3）搅拌时，投料次序除应符合有关规定外，水泥、粉煤灰与外加剂（为粉剂时）同步掺入，干拌 30s，再加水湿拌 1.5min；外加剂若为液体，可与水同步加入。掺粉煤灰混凝土拌合物必须搅拌均匀，搅拌时应比基准混凝土延长 10～30s。羟丙基甲基纤维素醚可以溶入减水剂中，随减水剂一起加入混凝土中，也可以单独外加到混凝土的搅拌系统中。

（4）在搅拌工序中，拌制的混凝土拌合物的均匀性应符合《预拌混凝土》（GB/T 14902—2012）的规定。

（5）混凝土搅拌完毕后，应按下列要求检测混凝土拌合物的各项性能：混凝土拌合物的坍落度应在搅拌地点取样检测，每一强度等级不少于一次，在检测坍落度时，还应观察混凝土拌合物的黏聚性和保水性；根据需要，尚应检测混凝土拌合物的其他质量指标。

铬铁渣混凝土浇筑施工的自由抛落高度不得大于 2m；当自由抛落高度大于 2m 时，应采用串筒、滑槽、漏斗等工具进行辅助输送混凝土，保证铬铁渣混凝土不出现离析、分层现象。铬铁渣混凝土的浇筑施工应采用连续推移的方式，为保证浇筑质量，应遵守如下规范：

（1）应根据工程结构特点，平面形状和几何尺寸，混凝土供应和泵送设备能力、劳动力和管理能力，以及周围场地大小等条件，预先划分好混凝土浇筑区域。混凝土的浇筑应符合《混凝土结构施工质量验收规范》（GB 50204—2015）的有关规定。

（2）混凝土的浇筑顺序，应符合下列规定：当采用输送管输送混凝土时，应由远而近浇筑；同一区域的混凝土，应按先竖向结构后水平结构的顺序，分层连续浇筑；当不允许留施工缝时，区域之间、上下层之间的混凝土浇筑间歇时间不得超过混凝土初凝时间；当下层混凝土初凝后，浇筑上层混凝土时，应先按留施工缝的规定处理。

（3）振动泵送混凝土时，振动棒移动距离宜为 400mm 左右，插入下层混凝土中深度不应小于 50mm，振捣时不得碰撞钢筋、模板、预埋件和止水带等。表面振捣器移距应与已振捣部位搭接 100mm 以上。振捣时间宜为 10～20s，并以混凝土开始泛浆和不冒气泡为准。掺铬铁渣混凝土浇筑时，不得漏振和过振。

（4）在浇筑工序中，应控制混凝土的均匀性和密实性。对于有预留预埋件和钢筋太密的地方，应预先制订技术措施，确保顺利布料和振捣密实。

（5）混凝土拌合料运至浇筑地点后，应立即浇筑入模。在浇筑过程中，如混凝土拌合物的均匀性和稠度发生较大变化，应及时处理。

（6）混凝土在浇筑及静置过程中，应采取措施防止发生裂缝。由于混凝土的沉降及干缩产生的非结构性的表面裂缝，应在混凝土终凝前予以修整。

（7）在浇筑混凝土时，应制作供结构拆模和强度合格评定用的试件，需要时还应制作抗冻、抗渗或其他性能试验用的试件。每一个单元槽段混凝土应制作抗压强度试件一组，每五个槽段应制作抗渗试件一组。

（8）水平结构的混凝土表面，应适时用木抹子磨平搓毛两遍以上。必要时，还应先用铁辊筒滚压一遍以上，以防止产生收缩裂缝。

混凝土振捣完成后，应及时对混凝土暴露面进行覆盖，防止表面水分损失。混凝土带模养护期间，可采取包裹、浇水、喷淋洒水等措施进行保湿养护。拆模后，应对混凝土采用蓄水、浇水、洒水或覆盖充水保湿等措施进行潮湿养护。混凝土路面采用喷涂养护剂养护时，采用的养护剂及其应用应符合有关标准要求。混凝土拆模后可能与流动水接触情况下，应在混凝土与流动水接触前养护10d以上，且确保混凝土获得75%以上的设计强度后，再与流动水接触。当负温天气时，应采取适当的防冻措施。

2.6　本章小结

基于铬铁渣产生与形成过程，采用理论分析与实验验证相结合的方法，对铬铁渣用作集料对混凝土结构和环境的影响进行了科学有效的评估。结果表明，铬铁渣的放射性核素水平、有毒离子（Cr^{6+}）浸出等指标全部符合相关标准要求。

通过实验研究，较全面地测试和分析了铬铁渣的物理、力学性能，重点考察了铬铁渣的体积稳定性，验证了氧化镁在实验条件下的结构安全性；系统测试了铬铁渣用作土木工程用粗、细集料的性能，并得出了铬铁渣集料混凝土配合比的最佳集料级配，相关物理性能皆满足《普通混凝土用砂、石质量及检验方法标准》（JGJ 52—2006）标准要求，可以应用于公路、桥梁等高性能结构混凝土。

采用固定砂石体积法，优化了铬铁渣集料混凝土配合比设计方法，给出了详细的设计流程；研究了配合比设计中，铬铁渣粗集料松堆体积、铬铁渣细集料体积含量等关键控制因素对铬铁渣混凝土工作性能与力学性能的影响，并据此获得了铬铁渣集料混凝土基础配合比。通过铬铁渣集料掺入适宜的无机、有机外加剂（石粉和保水剂）等技术措施，基本解决了铬铁渣混凝土泵送施工性能不佳和混凝土品质波动的难题。优选的各强度等级（C30、C40和C50）铬铁渣集料混凝土皆能很好地满足混凝土结构的设计要求，且均成功地应用于具体工程中。从铬铁渣集料混凝土的抗渗性能、抗碳化性能、抗硫酸盐侵蚀性能、体积稳定性等方面，研究了单因素条件下铬铁渣集料混凝土的耐久性能。结果表明，与天然碎石集料相比，在配制相同强度等级的混凝土时，铬铁渣皆显示了稳定的性能，具有很高的性价比。

依据《水工混凝土配合比设计规程》（DL/T 5330—2015）的要求，结合大渡河枕头坝一级水电站工程建设的实践，根据结构稳定、应力、强度、耐久性和温控防裂等特点划分，设计制备了坝体大体积常态混凝土（$C_{90}15W6F100$）、结构混凝土（C20W6F100）、结构混凝土（C25W6F100）、坝体上游面碾压混凝土（$C_{90}20W8F100$）和碾压混凝土（$C_{90}15W6F100$）等 5 种不同类型的水工混凝土。综合分析了铬铁渣集料水工混凝土的工作性能、物理力学性能和部分耐久性，试验结果表明，铬铁渣集料混凝土完全满足水工混凝土的设计和性能要求，各项指标随龄期的变化规律与普通天然砂石集料混凝土基本相同，采用铬铁渣集料配制的混凝土可以用于大体积混凝土工程。

通过工程技术人员的技术开发，相关设计、施工建设单位的共同努力，将鑫河公司生产的铬铁渣集料成功地应用于四川省大渡河枕头坝一级水电站库区 S306 线淹没复建公路（道路基层与底基层）、乐山金口河区农村通村公路路面工程、鑫河公司冶炼车间与集料厂办公楼（房屋建筑）等混凝土工程中，技术成果具有切实可行的推广价值和良好的应用前景。

3 高碳铬铁冶金渣轻集料及混凝土

3.1 轻集料及混凝土的研究与应用现状

3.1.1 轻集料混凝土研究与应用现状

伴随着全球城市化的不断加速，公路网和铁路网等基础设施的建设规模不断扩大，人们的活动空间也逐渐向高空和海洋扩展，建筑和结构的高层化、轻质化、大跨度化已经成为未来的发展趋势。普通混凝土自重大、脆性破坏以及耐久性欠佳等一系列不足，很难满足上述变化对此类工程与结构材料的新要求。高强轻集料混凝土的发展与应用为装配式构件、超高层建筑、超大跨度桥梁等大型工程建设提供了关键性材料，其轻质和高强的特点不仅有利于减轻结构自重、缩小结构断面、降低工程造价，也有利于结构工程抗震防灾能力的提升和服役寿命的延长，具有显著的技术、经济和社会价值。

早在1917年，美国的科研和工程技术人员开始尝试用膨胀页岩和黏土陶粒等轻质集料配制轻混凝土，用于造船和建房，并逐渐渗透到高层建筑。至20世纪80年代，美国的轻集料年产量高达1700万 m³，最高有2300万 m³，主要应用在桥梁工程中，轻集料及其混凝土已在400多座桥梁工程中应用。20世纪90年代，轻集料混凝土的研究与应用在国外得到了突飞猛进的发展，以挪威、美国和日本为代表，在普通轻集料混凝土和高性能轻集料混凝土的研究与应用领域，涉及轻集料混凝土的配制、生产工艺以及高性能轻集料混凝土性能等多个方面，重点在高性能轻集料混凝土的工作性和耐久性，并取得了丰硕的成果。

20世纪50年代，我国逐渐开始轻集料及其混凝土的相关基础研究和应用研究，初期主要用于墙板、楼板、桥梁等工程。1960年，在河南平顶山建成了我国第一座轻集料混凝土大桥——洛河大桥。随后，在宁波和上海之间又建造了三十多座中、小型预制箱形预应力公路桥。但是，其强度等级、桥梁跨度和施工质量等都与同时期的国际水平相去甚远。到了80年代，由于缺乏有效的管理和指导，且考虑到成本和技术原因，导致轻集料的生产和销售以及应用形成恶性循环，大量的轻集料研发和生产单位及人员转产、流失，造成了轻集料以及轻集料混凝土发展的低谷。但随着国外高性能轻集料和轻集料混凝土的快速发展，我国也开始逐渐注意到此类工程材料的优越性能，基础研究和工程应用出现了新的转机，相信会得到越来越广泛的关注。

3.1.2 轻集料混凝土性能与结构特征

地震灾害对建筑物的破坏程度和倒塌情况，大体决定了其危害等级，故建筑结构的抗地震倒塌能力是地震区抗震防灾能力的直接体现。现有理论研究与工程实践均证明：相较普通混凝土而言，轻集料混凝土可大幅度改善土木工程结构的抗震性，故应用在高层和超高层建筑，以及大跨度桥梁上时，优越性更为突出。而人们在对轻集料和轻集料混凝土研究过程中发现，当应力达到峰值应力之后，其材料和结构的破坏过程非常突然，显示典型的脆性破坏特征。一方面，轻集料混凝土在结构工程中的应用对提升其抗震性能效果显著；另一方面，轻集料混凝土却呈现典型的脆性破坏特征。为了解释这一现象，通过对大量不同形式和结构的轻集料混凝土进行研究后，一致认为，在相当的震动能量下，轻集料混凝土框架结构的抗震性能等于或略小于普通混凝土框架结构，并不比后者更优异，但是，轻集料混凝土具有较普通混凝土更轻质的结构，可降低震动能量，进而提高抗震性能。换言之，混凝土材料自身质量减小，带来的诸如工程结构的设计、施工以及受力过程等多方面的改变，是轻集料混凝土结构具备优异抗震性能的重要原因。

从混凝土材料的组成和结构出发，在普通集料混凝土破坏过程中，砂石集料本身强度高、弹性模量大，裂缝很难直接穿过集料，而是绕过集料沿界面过渡区进行扩展［图 3-1（a）］。在轻集料混凝土内，由于轻集料和水泥石基体间的"内养护"和"机械啮合"作用，界面过渡区得以改善，其强度和弹性模量高于轻集料，裂缝难以沿界面过渡区扩展，往往是直接贯穿轻集料［图 3-1（b）］。可见，裂纹产生和扩展机制差异是造成轻集料混凝土脆性破坏的主要原因。综上可知，轻集料本身已成为轻集料混凝土中的薄弱区域，其自身性能的局限性已成为轻集料混凝土整体性能的短板，当轻集料性能发挥到极致时，利用普通混凝土强化韧化思路和技术措施来增加整体强度对轻集料混凝土的作用有限。

纵观国内外已有相关研究，现有增韧技术较多利用普通混凝土的增韧设计思路，虽然可在一定程度上实现韧化目标，但同时提高了混凝土整体强度和弹性模量，这也进一步加剧了轻集料混凝土的脆性破坏过程。同时，我国现有高强轻集料仍存在生产成本偏高，产品吸水率高（>5%），强度普遍偏低（筒压强度<8MPa）等问题，这些都严重制约着高强轻集料混凝土的发展和应用推广。

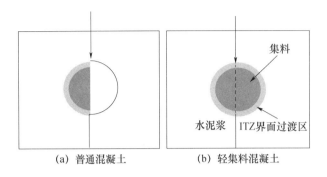

（a）普通混凝土　　　　（b）轻集料混凝土

图 3-1　裂缝在混凝土中的扩展路径示意图

3.1.3　轻集料设计理论

按用途和性能要求，轻集料可分为超轻集料、普通轻集料（填充和保温作用）和结构工程用高强高性能轻集料。在我国，陶粒是人造轻集料的主要品种，其应用量最大，应用范围也最广，占到市场的90%以上。同时，市场前景广阔、附加值更高的高强高性能轻集料却供不应求，目前仅占轻集料应用的5%以内，制约了高性能轻集料混凝土的发展。相信随着结构工程及相关建设对高性能轻质混凝土要求的不断提高，集料体积占混凝土比率将近70%的高强和高性能轻集料必将成为关键一环。

自20世纪50年代以来，著名的 Riley 三角形被提出后，这一轻集料制备理论沿用至今。该理论认为：轻集料制备的关键在于烧胀（图 3-2），而在高温下烧胀必须同时具备如下两个基本条件：

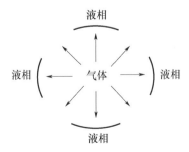

图 3-2　陶粒膨胀过程示意图

（1）原料在高温时产生一定量的液相，且要求该液相有适宜的黏度；

（2）原料中的助胀剂放出气体，使软化的坯料膨胀变形，并占据一定空间，保持至冷却后形成气孔（包括开口孔和闭口孔）。

为了使原料满足液相量及其黏度的要求，Riley 三角形理论对原料的化学元素组成提出了明确的要求，认为只要符合 Riley 三角形中阴影区域的化学组成（图3-3），均可制备轻集料。常用的范围为：SiO_2 含量在 40% ~60% 之间、Al_2O_3 在 10% ~25% 之间，其余为氧化物熔剂，如 R_2O、CaO、MgO、Fe_2O_3 及 FeO 等含量，合计 13% ~26%。因此，原料组成中不同的元素比例对烧成制度的确定和轻集料性能均具有重要影响。基于 Riley 三角形的轻集料制备理论，一般而言，轻集料骨架的矿物组成以玻璃体为主（80% ~90%），晶体矿物主要为莫来石、长石、辉石和石英等，且含量较少（15% 左右），这些玻璃体和莫来石同时被认为是轻集料强度的主要来源。

轻集料原料的化学组成中，硅铝质组分合计占 80% 以上，适量的碱金属和金属氧化物作为助熔剂，其这一组成特点为数量庞大的硅铝质固体废弃物，如粉煤灰、河道淤泥、脱水污泥、生活垃圾以及矿山尾矿和废料等找到了资源化利用新途径，这些原料逐渐代替黏土和页岩等不可再生资源，符合国家环保与可持续发展的要求，已经成为主流。综合目前以废弃物或尾矿为原料制备轻集料的文献后，可以发现：虽然新原料仍然以硅铝质为主，但其物理化学性能，特别是次要元素和微量元素的变化给轻集料的制备和烧成带来的诸多不稳定因素，使基于 Riley 三角形得到的元素在实际应用中不断受到挑战。但结合制备工艺，特别是烧成制度的调整，这些问题都能基本解决，说明该理论在这一领域具有较普遍的指导意义。

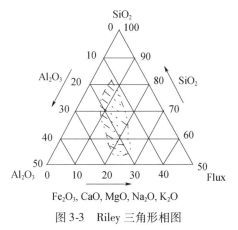

图 3-3 Riley 三角形相图

对于非承重用普通陶粒、轻质陶粒及超轻质陶粒，"轻量化"是主要目的，仅要求适宜的力学性能，因此，如何保证高温下坯体中所产生气体尽可能多的包裹在液相中是此类陶粒制备的关键问题，现有的理论对解决该问题有指导意义。但就高强轻集料而言，表观密度的下降幅度有限，力学性能、吸水率、软化系数等物理性能成为关注重点，因此，此类轻集料应根据其使用性能的要求进行全方位考虑，而不能仅仅停留在制备过程中涉及的烧胀阶段。

由此，本章结合铬铁渣的化学和矿物组成特点，以其为主要原材料，设计制备具有核-壳结构的贝利特包覆堇青石多孔陶瓷基轻集料，建立基于轻集料内核强化和表面优化的高性能核-壳结构的轻集料设计方法，开展轻集料混凝土制备技术、力学性能及耐久性研究。着重讨论了核-壳结构轻集料混凝土界面过渡区性能、微结构演化过程及其断裂破坏规律，为利用固体废弃物制备高强和高性能轻集料，高性能轻集料混凝土的设计、开发和制备提供一些新思路。

3.2 高碳铬铁冶金渣普通轻集料的制备与性能

3.2.1 设计思路

铬铁渣中 SiO_2 含量不足，Al_2O_3 含量适中，MgO 和 FeO 含量偏高，且含有一定量的 Cr_2O_3。同时，铬铁渣质地坚硬，密度大，镁橄榄石 [Forsterite，$2（Mg，Fe）O \cdot SiO_2$] 和铁尖晶石（Hercynite，$FeO \cdot Al_2O_3$）是其主要矿物相，其余为顽火辉石（Enstatite，$MgSiO_3$），及少量的铬铁矿 [unreacted chromium-ore，$（Mg，Fe）（Cr，Al）_2O_4$]。依据 Riley 三角形相图理论，无论是化学组成，还是矿物组成，均与现有轻集料所用原料中常见的硅铝质材质或者废弃物有较大不同。

本节的主要研究思路在于：以铬铁渣为主要原料，配入适宜比例的硅铝质原料，使其符合 Riley 三角形相图的化学元素配比要求，讨论铬铁渣不同用量对原料烧结性能的影响规律；进一步，针对铬铁渣的矿物组成特点，对烧成制度进行初步的分析和研究，并测试不同烧成制度下得到的铬铁渣轻集料的物理性能；结合微观结构和矿物组成的分析，找到其物理性能和微观组成与结构之间的内在联系，最终，找到适宜以铬铁渣为主要原料的轻集料制备工艺，并得到符合《轻集料及其试验方法第 1 部分：轻集料》（GB/T 17431.1—2010）要求的人造轻集料样品。

3.2.2 制备工艺与性能

1. 铬铁渣掺量

铬铁渣原料质地坚硬，基本无可塑性，其 SiO_2 含量 35%，低于

Riley 三角形相图理论建议含量的下限，而 Al_2O_3 和 MgO 等高熔点物质的含量偏高，主要矿物组成为橄榄石和尖晶石，也不同于常用的黏土类矿物相。因此，铬铁渣作为主要原料制备轻集料时，首先应考虑其成球性能和烧胀性能，故选用铬铁渣掺量为 50%、70% 和 90%，分别配入相应比率（50%、30%、10%）的黏土以增加 SiO_2 含量，同时改善生料成球的可塑性，探索铬铁渣的适宜掺量，外掺 3% 碳酸钙。由表 3-1 可知，随铬铁渣掺量的增加，SiO_2 含量逐渐减小，而 MgO 含量增加，Al_2O_3 和 Fe_2O_3 变化不大。控制升温速率 5℃/min，选择 1200～1300℃ 的烧成温度，保温 20min，随炉冷却，试验结果如表 3-2 所示，实物如图 3-4 所示。

表 3-1　铬铁渣轻集料的烧胀性实验配比（w%）

名称	铬铁渣	黏土	碳酸钙	SiO_2	Al_2O_3	MgO	Fe_2O_3	R_2O
A	50	50	3	47.73	21.35	9.49	8.59	2.06
B	70	30	3	42.49	20.29	12.44	8.89	1.34
C	90	10	3	37.25	19.23	15.39	9.19	0.612

表 3-2　不同温度下轻集料的烧胀情况（膨胀倍数）

名称	烧成温度（℃）							
	1200	1210	1220	1230	1240	1250	1270	1300
A	欠烧	0.97	1.28	1.52	1.67	1.48	过烧	过烧
B	欠烧	欠烧	0.96	1.04	1.13	1.32	过烧	过烧
C	欠烧	欠烧	欠烧	欠烧	欠烧	欠烧	欠烧	欠烧

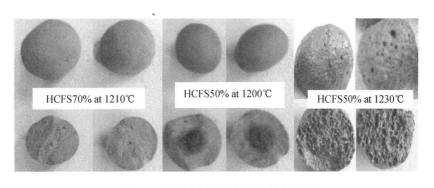

图 3-4　铬铁渣轻集料烧胀情况实物图

由表 3-2 可知，随着烧成温度逐渐升高，铬铁渣掺量 50% 和 70% 的两组配比，其烧胀倍数逐渐增大，但温度高于 1250℃ 后，料球开始坍塌，甚至熔融，出现过烧现象。而掺量 90% 的 C 组配比，其在 1200～1300℃ 的温度范围内均为欠烧，即料球体积未变化。上述现象说明，采用铬铁渣为主要原料制备轻集料时，由于其塑性和主要矿物熔点高，故需要掺入适宜的黏土质或硅质原料，改善料球的成球性能，调整各元素组成。结果表明，铬铁渣掺量不宜超过70%，烧成温度在1210～1250℃，保温20min时，基本能保证铬铁渣轻集料的烧胀。同时，现有陶粒制备基础理论Riley三角形相图，对普通铬铁渣轻集料的制备仍然有指导意义。

2. 物理性能

进一步，选择铬铁渣掺量50%和70%，考虑到70%掺量时，其烧胀性能不佳，外掺3%长石为助熔剂，以表观密度、吸水率和抗压强度为主要考察指标，研究了烧成温度对轻集料基本性能的影响规律。控制升温速率5℃/min，选择1200～1250℃的烧成温度，保温20min，随炉冷却，试验结果如图3-5、图3-6所示。

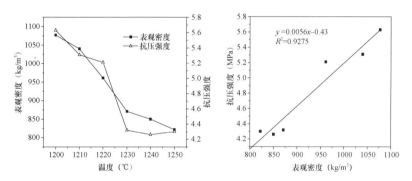

图3-5　表观密度、力学性能与烧成温度（铬铁渣掺量50%）

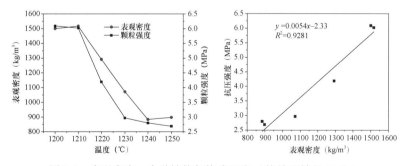

图3-6　表观密度、力学性能与烧成温度（铬铁渣掺量70%）

铬铁渣掺量为50%和70%时，随着烧成温度的不断上升，表观密度和抗压强度均不断下降，且呈线性相关，相关性系数分别为0.9275和0.9281。此外，70%掺量的B组由于未完全烧胀，故其表观密度较大，抗压强度也较高。当表观密度在（900±50）kg/m³时，50%掺量的A组抗压强度（4.7±0.1）MPa，而70%掺量样品的抗压强度为（3.0±

0.2）MPa，前者较后者高出 56%，这与轻集料的宏观孔隙结构特征和微观形貌密切相关，后续研究将进一步说明。

3.2.3　微观机理分析

1. 矿物组成

对烧成温度在 1000℃、1100℃和 1210℃分别采用空气急冷（air cooling，AC）和随炉慢冷（furnace cooling，FC）两种冷却方式下的矿物组成进行了测试，结果如图 3-7 所示。

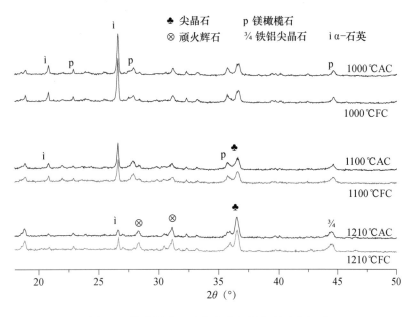

图 3-7　烧成温度、冷却方式与轻集料矿物组成

由图 3-7 可知，烧成温度为 1000℃和 1100℃时，样品中石英衍射峰为最强峰，次强峰为橄榄石和尖晶石相衍射峰，且冷却方式的变化对矿物组成相以及相对含量均未产生显著影响，说明在该烧成温度下，石英依然大量存在，1100℃时仍未完全反应。当烧成温度在 1210℃时，尖晶石相衍射峰为衍射样品的最强主峰，顽辉石衍射峰强度高于烧成温度在 1000℃和 1100℃时的衍射峰强度，且出现铁尖晶石相，两种不同冷却速率下衍射峰强度差异明显。

进一步，对烧成温度为 1210℃时各物相相对含量进行计算（表 3-3），结果表明，较慢的冷却速率时［随炉慢冷（FC）］，橄榄石、顽辉石以及石英相的相对含量要大于快速冷却［烧成后出炉，空气急冷（AC）］时含量。

表 3-3　1210℃焙烧后不同冷却方式下轻集料晶体相对含量（半定量）

冷却方式	主晶相含量（w%）				
	Mg-Al 尖晶石	镁橄榄石	顽辉石	Fe-Al 尖晶石	α-石英
空气急冷（AC）	24.59	49.81	13.12	12.18	0.31
随炉慢冷（FC）	19.74	52.22	16.14	9.86	2.04

2. 微观形貌

观察样品的断面形貌可知（图 3-8），铬铁渣轻集料中大量 0.5mm 左右的孔隙均匀分布，孔隙之间由玻璃体和结晶矿物组成的基质形成的三维网络结构连接，该部分放大后，可见孔径在 0.05mm 的封闭小孔均匀分布在基质中，各粒径范围均未见连通孔，说明铬铁渣轻集料中既有肉眼可见的毫米级宏观孔，也有微米级别的微观孔隙。

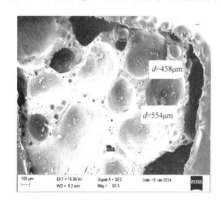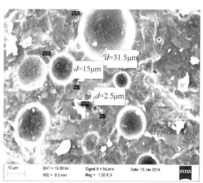

图 3-8　轻集料孔隙微观形貌［随炉慢冷（FC）］

不同冷却速率时，骨架基质的微观形貌如图 3-9 所示。可见，冷却速率较快时，其晶体颗粒数量较多，但其晶体尺寸小于随炉冷却样品的晶体尺寸，根据不同形貌中元素比例可知（表 3-4），颗粒状（点 1 和点 2）晶体为尖晶石，填充在颗粒之间的是镁橄榄石熔融冷却后形成的玻璃体（点 3）。上述结果充分说明，冷却速率明显影响晶体的成核、析出与长大，缓慢的冷却可提供充足的晶核析出和长大的时间，更多的玻璃体转化为稳定的晶体，故随炉冷却样品的晶粒尺寸明显大于快速冷却样品的晶粒尺寸。因此，冷却速率对轻集料力学性能的影响机理在于：随炉冷却为尖晶石和辉石晶核的析出和长大提供了充足的时间，使更多的镁橄榄石熔体转化为热稳定的晶体存在，降低了因温度骤降带来的热应力而造成的原生裂纹的数量，保证了骨架基质的力学性能。

当热膨胀系数较高的镁橄榄石大量以玻璃体形态存在于骨架基质中，镁橄榄石在降温过程中产生的体积变形，与玻璃体因热应力产生的收缩变形叠加，将进一步加剧原生裂纹的出现，这是铬铁渣轻集料区别于其他轻集料（陶粒）的主要特点。

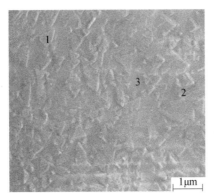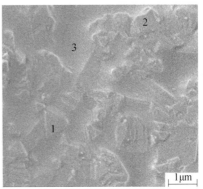

图 3-9 不同冷却方式下轻集料骨架基质微观形貌

（左：空气急冷；右：随炉慢冷）

表 3-4 不同冷却方式下轻集料骨架基质能谱分析（图 3-9 中 1、2、3 处）

		元素			
		Mg	Al	Si	O
空气急冷	1	14. 15	17. 72	—	61. 81
	2	14. 32	23. 5	3. 88	58. 3
	3	5. 05	9. 09	18. 27	66. 28
随炉慢冷	1	17. 85	22. 83	—	59. 33
	2	16. 74	23. 31	—	59. 95
	3	17. 24	4. 05	19. 17	59. 54

3.3 核-壳结构高碳铬铁冶金渣轻集料的制备与性能

3.3.1 矿物组成调控与结构设计思路

1. 研究内容

就高强轻集料而言，玻璃体基质包裹结晶矿物形成的骨架是其强度的主要来源，且玻璃体含量与强度呈反相关。因此，在原料配比的设计阶段，以成品的矿物组成及其比例为出发点是达到上述目的的首选。裂纹贯穿轻集料的破坏失效是轻集料混凝土脆性破坏的主要原因，大幅提升轻集料强度是根本措施，同时，水泥石与轻集料的界面过渡区是裂纹扩展的"必经之路"，其性能差异势必对轻集料的破坏机制产生影响。

针对轻集料混凝土初裂强度高，但脆性破坏特征显著的特点，本小节的主要研究思路在于：一方面，通过优化高强轻集料骨架基质中的矿物组成，减少热裂纹和残余热应力，强化其自身力学性能；另一方面，通过轻集料表面处理，调控轻集料-水泥石界面过渡区的综合性能，期望实现轻集料、水泥石和两者之间界面过渡区的协同发展，达到轻集料混凝土强化韧化目的，为高强轻集料的精细化设计和制备寻找理论方向。

2. 主要原料

高强轻集料制备中所用原料包括：铬铁渣、铝矾土矿、粉煤灰和煤粉；外壳改性层原料：石灰石、黏土、铝矾土和硬石膏。所有原料经破碎、烘干、粉磨，取 200 目筛筛下。各种原料的化学组成列于表 3-5。铝矾土和粉煤灰的 X 射线衍射分析见图 3-10。核-壳复合结合剂：自来水、羧甲基纤维素溶液（质量分数为 40%）和水玻璃（模数 2.39，固含量 44.69%）。

表 3-5　原料化学组成（w%）

原料	Al_2O_3	CaO	Fe_2O_3	SiO_2	SO_3	TiO_2	$Na_2O + K_2O$	MgO	Cr_2O_3	Loss	Sum
铬铁渣	22.21	1.57	4.21	35.12	0.46	0.73	0.15	27.77	7.37	—	99.59
铝矾土	69.61	—	2.15	24.00	—	3.20	0.18	0.05	0.05	0.20	99.24
黏土	21.69	0.01	7.09	54.98	0.03	0.91	3.50	1.92	0.03	9.62	99.78
石膏	1.11	36.45	0.84	4.17	44.67		0.32	4.94	—	6.93	99.13
石灰石	0.04	62.2	0.03	0.09			0.01	0.19	—	37.41	99.97
粉煤灰	15.09	13.55	8.55	43.89	1.74	1.61	2.83	0.38	0.26	10.39	98.26

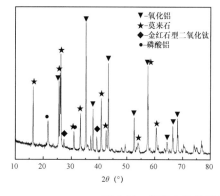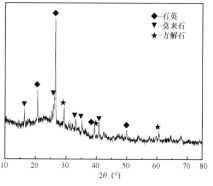

图 3-10　铝矾土和粉煤灰的 X 射线衍射分析图

（左：铝矾土；右：粉煤灰）

3. 试验方法

（1）高强轻集料

配料：根据前期试验结果，选取铬铁渣掺量范围为 50%～60%，粉煤灰掺量范围为 32%～40%，铝矾土为 8%～10%，配比和化学组成如表 3-6、表 3-7 所示。

生料成球：原料按配比要求称量后，在搅拌锅内混合均匀，然后缓慢加入粉体质量 22% 的水搅拌均匀，手工成型 $\phi 15 \times 45mm$ 圆柱和 $d = 10 \sim 15mm$ 球形生坯，经烘箱（105±2）℃烘至恒重，备用。

烧成制度：升温速率 5℃/min，由室温升至 600℃，保温 20min，煅烧温度分别设置为 1250℃、1280℃、1300℃，保温 30min，随炉冷却（或空气急冷）至室温。

表 3-6　原料配比（w%）

	铬铁渣	粉煤灰	铝矾土	碳粉
S1	50	40	10	
S2	55	33.75	11.25	5
S3	60	32	8	

表 3-7　不同配比化学组成（w%）

	SiO$_2$	Al$_2$O$_3$	MgO	Fe$_2$O$_3$	Cr$_2$O$_3$	CaO	TiO$_2$	Na$_2$O+K$_2$O	Loss	Sum
S1	41.36	25.71	14.26	4.64	3.71	4.33	1.27	1.29	3.59	98.98
S2	40.17	26.54	15.60	3.59	4.07	3.75	1.25	1.12	2.94	99.01
S3	40.11	25.01	16.96	4.55	4.44	3.78	1.16	1.06	2.87	99.01

（2）改性层

生料配料与成型：改性层的配料方案如表 3-8 所示，配料后的化学组成见表 3-9。原料按比例配料后，在球磨机中混合粉磨，得到改性层生料粉，加入质量比 3% 的水，采用半干法压制成型（坯体尺寸：$\phi 25 \times 5mm$），经烘箱（105±2）℃烘至恒重，备用。

烧成制度：升温速率 5℃/min，预热温度 600℃，保温 20min 后，继续升温至 1280℃，保温 30min，随炉降温至 800℃，取出空气急冷，得到改性层外壳熟料样品。

表 3-8　改性层外壳原料配比（w%）

	石灰石	黏土	石膏	铝矾土	碱度系数（C）	铝硫比（P）	铝硅比（N）
A	57.41	18.52	8.68	15.39	0.98	3.54	0.96

续表

	石灰石	黏土	石膏	铝矾土	碱度系数（C）	铝硫比（P）	铝硅比（N）
B	62.37	33.14	4.49	—	0.96	2.84	0.31
C	59.86	24.62	7.77	7.75	1.01	2.75	0.61
D	62.11	29.37	5.77	2.75	1.01	2.69	0.41

表3-9　不同配比改性层外壳化学组成（w%）

	CaO	SiO_2	Al_2O_3	Fe_2O_3	TiO_2	SO_3	$Na_2O + K_2O$
A	38.87	14.24	14.85	1.73	0.66	3.88	0.71
B	40.43	18.44	7.26	2.41	0.3	2.02	1.18
C	40.07	15.73	10.85	2	0.47	3.48	0.91
D	40.74	17.07	8.37	2.21	0.36	2.59	1.06

（3）核-壳复合工艺

综合考虑工艺便捷性和复合效果，采用生料球球核成型后再包裹改性层外壳的工艺，具体的复合成球方式采用以下几种：

① 一次裹粉：手工成球后，不经烘干，将改性层生料粉直接包裹在湿的生料球表面，利用湿生料球的自身黏附能力，将改性层生料粉附着在生料球球核表面；

② 二次裹粉：生料球球核先经烘箱（105±2）℃烘干，在干料球表面均匀涂抹事先准备好的结合剂，随后将改性层生料粉黏附在涂抹结合剂的生料球表面；

③ 一次裹浆：将结合剂和改性层生料粉按比例调成浆料，将成球后不经烘干的生料球球核浸泡到浆料，迅速取出，将改性层浆体包覆在生料球球核表面；

④ 二次裹浆：将结合剂和生料粉按比例调成浆料，生料球球核经烘箱（105±2）℃烘干，再浸泡到浆料中进行包裹。

3.3.2　高强轻集料制备与性能

1. 矿物组成与微观形貌

理论研究表明，堇青石的合成温度范围较窄，超过某一温度后将持续分解，可见，烧成温度对堇青石的含量影响显著。因此，讨论了三种配比（S1、S2、S3）在不同烧成温度（1250℃、1280℃、1300℃）时，矿物组成的变化情况，结果如图3-11所示。

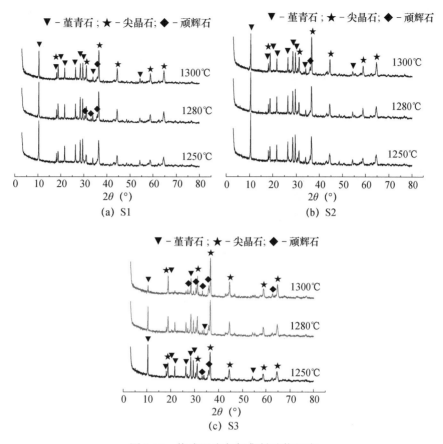

图 3-11 烧成温度与轻集料矿物组成

由图 3-11 可知，三种配比的轻集料在不同的烧成温度下，均形成了以堇青石（cordierite，$2MgO \cdot 2Al_2O_3 \cdot 5SiO_2$）为主晶相，尖晶石（cordierite，$MgO \cdot Al_2O_3$）为次晶相，并含有少量顽辉石（estamite，$MgO \cdot SiO_2$）的矿物组成。其矿物组成随着烧成温度的升高呈现相似的变化规律，具体如下：1）样品中堇青石衍射峰的主峰（$2\theta = 10.43°$）峰强度有下降趋势，特别是铬铁渣含量较高的 S3 配比，由 1250℃ 时的 1867 下降到 1300℃ 时的 827，下降 55.7%；2）尖晶石主峰（$2\theta = 36.50°$）有增大的趋势，但增加幅度不大；3）在烧成温度升高至 1300℃ 时，三种配比样品中在尖晶石主峰左侧，均可检测出顽辉石（$2\theta = 35.83°$、$2\theta = 33.92°$），这可能与堇青石的分解有关。

选取 S2 样品，采用 SEM 对其微观形貌进行了测试，结果如图 3-12 所示。烧成温度较低时（1250℃），样品中多为 $50\mu m$ 左右的不规则连通小孔，固体部分可见大量玻璃体包裹着颗粒状物质。由矿物组成可知，在此温度下已经形成了以堇青石＋尖晶石＋顽辉石的矿物组合（能谱分析结果如图 3-13 所示），说明反应进行得比较充分，但该温度下液相量不多，且黏度较大，不利于宏观规则孔隙的形成以及反应物晶体的析出。随着温度的升高（1280℃），尺寸在100μm左右的封闭的规则圆形孔开始形成，固体部分可见轮廓清晰的柱状堇青石和颗粒状尖晶石。烧成温度进一步升高至1300℃时，圆形大孔开始形成，且反应产物颗粒开始模糊。

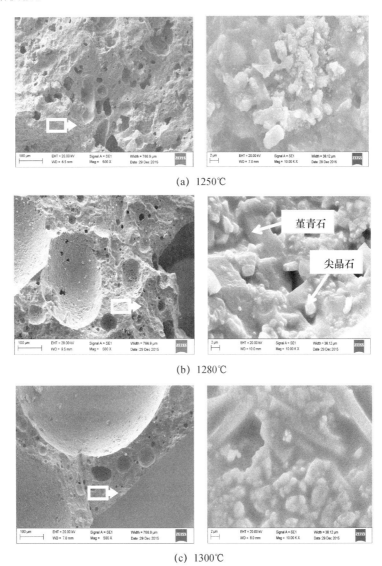

(a) 1250℃

(b) 1280℃

(c) 1300℃

图3-12　烧成温度与轻集料微观形貌

综合上述可知，烧成温度对铬铁渣集料的矿物组成影响较小，但随着烧成温度的升高，目标矿物堇青石相逐渐开始分解，含量下降。因此，铬铁渣集料的烧成温度不宜超过1300℃，其适宜的烧成温度为（1270±20）℃。

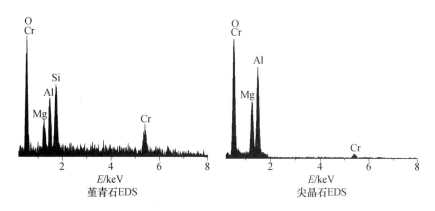

图 3-13　原料组成与轻集料微观形貌

2. 物理性能

烧成温度对 S2 样品的物理性能影响的测试结果如图 3-14、图 3-15 所示。可以看到，烧成温度对轻集料的表观密度、吸水率和抗压强度等性能影响显著。烧成温度分别设置为 1250℃ 和 1280℃ 时，对应的表观密度为 $2.04g/cm^3$ 和 $1.38g/cm^3$，抗压强度分别为（22.58 ± 1.15）MPa 和（7.61 ± 0.32）MPa，两者表现出很好的相关性。当烧成温度超过 1260℃ 时，轻集料的表观密度和抗压强度随温度的升高基本稳定。烧成温度变化对吸水率影响不大，各烧成温度下的吸水率均在 2% 以内。

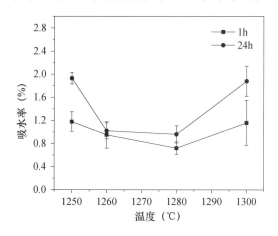

图 3-14　烧成温度与轻集料吸水率

结合前述烧成温度对矿物组成和微观形貌分析可知，试验范围内，在 1250℃ 时已经形成以董青石为主晶相、尖晶石为次晶相的矿物组成，但该烧成温度下高温液相量不足，气孔难以形成，轻集料无法烧胀，导致表观密度大，另一方面，液相黏度较大，阻碍了晶体颗粒的析出和长大，虽然其单颗抗压强度较大，无法满足使用要求。因此，综合考虑矿物组成、微观结构、物理性能及能耗等情况，高强铬铁渣轻集料的适宜烧成温度应控制在 1260～1280℃，该烧成温度范围内得到的轻集料具有合理的宏观孔隙结构、完善的晶体结构和期望的微观形貌特征，性能稳定。

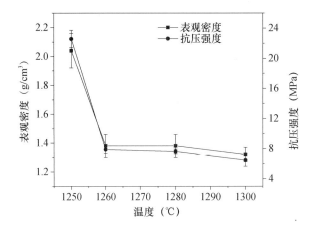

图 3-15　烧成温度与表观密度和抗压强度

3.3.3　核-壳结构轻集料制备与性能

1. 改性层的制备

按照 3.3.1 节中介绍的改性层制备方法得到样品，并对改性层煅烧产物的矿物组成进行分析，其 X 射线衍射图谱结果如图 3-16 所示。

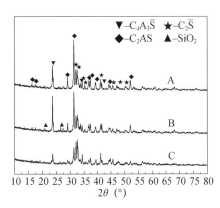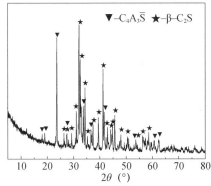

图 3-16　改性层矿物组成 X 射线衍射图谱分析
（左：A、B、C 配比；右：D 配比）

可以看到，A、B、C 配比熟料样品（图 3-14）的矿物组成中可见目标矿物相 β-C_2S 和 $C_4A_3\bar{S}$ 的衍射峰，同时还有少量的 C_2AS 和 SiO_2，说明硅含量不足，铝相对过剩。因此，结合 A、B、C 三组熟料的配料组成和结果，优化设计了 D 配比。衍射图谱分析表明，D 配比所得熟料样品的矿物组成主要为 β-C$_2$S 和 C$_4$A$_3\bar{\text{S}}$，并无其他杂质矿物，从微观形貌（图 3-17）可以看到有大量颗粒状的 β-C$_2$S 以及六方片状的 C$_4$A$_3\bar{\text{S}}$晶体，二者交织生长，晶体形貌清晰。达到设计目的和预期，后续改性层即选用 D 配比进行。

图 3-17　改性层微观形貌分析（D 配比）

2. 核-壳复合工艺

（1）复合结构生料球成球工艺

以水为结合剂，固定改性层生料粉的用量为内层生料球质量的 24%，对比不同的成球方式对核-壳结构生料球的复合效果，包括：一次裹粉、一次裹浆、二次裹粉、二次裹浆四种复合，各方案得到的料球实物如图 3-18 所示。综合粘结效果，烘干后开裂、掉粉以及外壳层的脱落情况，采用二次裹粉成球工艺得到的料球效果最好，此工艺中改性层生料粉可均匀地包裹在内核生料球表面，烘干后也未出现掉粉、脱落等现象，两者之间粘结牢固。

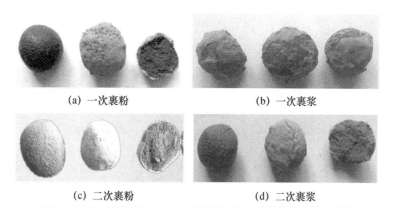

(a) 一次裹粉　　　　(b) 一次裹浆

(c) 二次裹粉　　　　(d) 二次裹浆

图 3-18　不同复合工艺时轻集料生料球实物图

（2）结合剂

进一步，采用二次裹粉成球方式，考察结合剂分别为水、羧甲基纤维素和水玻璃时的结合效果，实物如图 3-19 所示。可以看到，结合剂种类的变化对粘结效果影响不大。虽然羧甲基纤维素和水玻璃作为结合剂时，生料球与改性层之间粘结较为牢固，但是，水玻璃是一种性能优异的助熔剂，在煅烧过程中可能会改变轻集料表面改性层的组成和结构，影响烧成过程，从而影响轻集料性能，羧甲基纤维素则会显著增加成本。因此，综合考虑工艺和成本以及对烧成过程的影响，选用自来水为结合剂。

(a) 水　　　　　　　(b) 羧甲基纤维素　　　　　(c) 水玻璃

图 3-19　结合剂对外壳层黏附效果的影响

（3）改性层厚度

选用自来水为结合剂，采用二次裹粉的复合结构成球方式，讨论改性层厚度对料球及核-壳结构轻集料烧成和外观的影响规律，选取改性层用量分别为内核生料球质量的 12%、24%、36%、60% 和 96%，生料球和核-壳结构轻集料实物如图 3-20 所示。可以看到，当改性层粉体用量较少（12%）时，外层无法完整包裹内层的生料球，但继续增大比率（超过 36%），外层的生料粉粘结效果变差，并出现掉粉、脱落现象[图 3-20（a）]。当控制改性层厚度在 36% 以内时，烧成过程中内核表面产生大量液相，通过固（液）相反应将改性层生料粉粘结在内核料球表面，部分改性层熟料渗入内核表面，共同形成釉质层。当改性层质量比超过 36% 时，内核生料球产生的液相与改性层熟料不能完全相互渗透，表面釉质层消失。因此，改性层生料粉占内核生料质量的 20% ~ 30% 较为合理。

(a) 生料球　　　　　　　　　　(b) 轻集料成品

图 3-20　外壳层不同质量占比的复合结构轻集料实物图

3. 基本性能

测试了上述不同改性层厚度的核-壳结构铬铁渣轻集料的物理性能，结果列于图 3-21。可以看到，随着改性层厚度增加，轻集料的吸水率成倍增加［图 3-21（a）］，改性层质量占比达到 90% 时，其吸水率较无改性层样品增加 16 倍。同时，轻集料的表观密度和抗压强度有小幅下降。值得注意的是，改性层与熟料占比为 60% 时，轻集料的表观密度和抗压强度均出现突然增大的现象，这主要是由于改性层占比过大，导致内核无法胀大变形，表观密度急剧上升，引起力学性能陡然增加。而当改性层占比在 60% 以上时，改性层成为轻集料的主体，其物理性能将对轻集料的整体性能产生显著影响。表观密度和力学性能结果表明，当改性层占比达到 90% 时，其测试结果与 36% 时相近，但吸水率却接近 17%，为后者的 3 倍多，无法满足铬铁渣轻集料的使用要求。

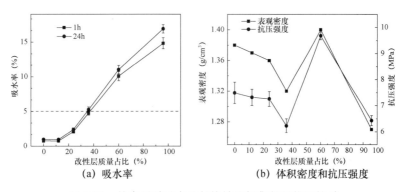

图 3-21 外壳层质量占比与铬铁渣轻集料的物理性质

综上所述，当控制改性层质量为内核质量的 36% 以下时，实测核-壳结构的铬铁渣轻集料的饱和吸水率可控制在 5% 以下，同时，其单颗抗压强度能维持在 7MPa 左右，达到了高性能轻集料的基本要求。

3.4 高碳铬铁冶金渣轻集料混凝土

3.4.1 原料与方法

1. 主要原料

试验原料主要包括：中联牌 P·O 42.5 水泥，主要性能列于表 3-10 中；天然河砂，细度模数 2.58，中砂，堆积密度 1.428g/cm^3，表观密度 2.654g/cm^3；粗集料、石灰石碎石、连续级配，最大粒径小于 20mm；聚羧酸系高效减水剂，减水率不低于 30%，推荐掺量为水泥用量的

0.1%～0.5%；自来水。

试验所用轻集料包括：自制普通铬铁渣轻集料（PLW）、高强铬铁渣轻集料（LW）和核-壳结构铬铁渣轻集料（MLW），以及页岩高强轻集料和黏土陶粒（NLW）（均为市售产品），后四种的实物如图 3-22 所示，轻集料的主要物理性能指标列于表 3-11。

表 3-10　水泥主要性能指标

性能指标	初凝（min）	终凝（min）	抗压强度（MPa）		抗折强度（MPa）	
			3d	28d	3d	28d
实测值	145	360	22.6	47.5	4.2	7.5

(a) 页岩高强轻集料　　　　　　　(b) 黏土陶粒

(c) 高强铬铁渣轻集料　　　　　　(d) 核-壳结构铬铁渣轻集料

图 3-22　试验用轻集料

表 3-11　试验用轻集料主要物理性能指标

集料名称	粒级	堆积密度（g/cm³）	吸水率（%）	表观密度（g/cm³）	筒压强度（MPa）
页岩高强轻集料	12～18mm	0.751（700 级）	4.57	1.48	5.49
黏土陶粒（NLW）	12～18mm	0.887（800 级）	15.05	1.61	2.24

续表

集料名称	粒级	堆积密度 （g/cm³）	吸水率 （%）	表观密度 （g/cm³）	筒压强度 （MPa）
普通铬铁渣轻集料 （PLW）	12～18mm	0.554 （500 级）	2.07	0.84	2.85
高强铬铁渣轻集料 （LW）	12～18mm	0.658 （600 级）	1.03	1.18	6.52
核-壳结构铬铁渣轻集料 （MLW）	12～18mm	0.785 （700 级）	1.44	1.42	6.12

由表 3-11 中各轻集料的基本性能可知，在堆积密度相近时，三种不同类型铬铁渣轻集料的吸水率显著低于常用黏土陶粒和页岩轻集料，其力学性能也有较大的优势；比较普通铬铁渣轻集料和黏土陶粒性能可知，在筒压强度相近时，普通铬铁渣轻集料具有更低的表观密度和堆积密度，且其吸水率仅为黏土陶粒的 13.75%，这对轻集料混凝土的制备是非常有利的。考虑到页岩轻集料与本文所制备的轻集料粒型差异较大，对轻集料混凝土的和易性和力学性能均会产生显著影响，使混凝土性能测试结果失去可比性，故仅对轻集料自身基本性能做了对比分析，不采用页岩轻集料为轻集料混凝土用原料。

2. 试验方案

参考《轻集料混凝土技术规程》（JGJ 51—2002）中的方法和要求，分别采用黏土陶粒（NLW）、普通铬铁渣轻集料（PLW）、高强铬铁渣轻集料（LW）、核-壳结构铬铁渣轻集料（MLW）四种轻集料配制轻集料混凝土，基础配合比为水泥∶河砂∶轻集料∶水∶减水剂 = 450∶709∶565∶121∶4.5，四种轻集料配制得到的混凝土对应编号分别为 NLC、PLC、LC 和 MLC。

由于黏土陶粒（NLW）吸水率较大，故对其进行预湿处理，水中浸泡 24h 后，室内晾干，吸水量计入配合比中，其余铬铁渣轻集料直接成型。新拌好的混凝土倒入模具中，试模尺寸 100mm×100mm×100mm，24h 后脱模，继续养护（养护温度 $T = （20±2）℃$，湿度 RH≥97%）至相应测试龄期。依据《普通混凝土力学性能试验方法标准》（GB/T 50081—2002）中的相关要求进行基本力学性能的各项测试。单轴受压应力-应变全曲线测试，测试前首先将试块预加载至 200N，保持 30s，加载速率 50N/s，继续加载至破坏，设定力衰减 80% 为试验结束，加载采用力控制方式，加载速率 150N/s。

依据《普通混凝土长期性能和耐久性能试验方法标准》（GB/T 50082—2009）中规定的测试方法和要求进行耐久性相关试验，对自制的两种轻集料配制得到的轻集料混凝土［高强铬铁渣轻集料（LW），核-壳结构铬铁渣轻集料（MLW）］的耐久性性能进行测试，具体如下：

参考抗硫酸盐侵蚀试验方法，将两种轻集料混凝土试块在标准养护条件（养护温度 $T = （20 \pm 2）℃$，湿度 RH$\geq$97%）下养护至 28d，转入提前配好的 5% 质量浓度的硫酸钠溶液中，保持溶液 pH 值为 7.5 $\pm$ 1.0，温度 $T = （20 \pm 2）℃$，持续浸泡，每隔 30d 更换硫酸钠溶液一次，室温下自然干燥至饱和面干，测试试块质量变化。养护至 90d、180d 和 360d 龄期时，测试抗压强度，并与同龄期水中养护试块的抗压强度进行对比分析，重点关注两种不同轻集料所得的轻集料混凝土抗硫酸盐性能的差异。

采用快速氯离子迁移系数法（RCM 法）测定了铬铁渣轻集料混凝土的抗氯离子渗透性能，具体试验步骤如下：标准条件下养护至 28d 后，加工成 $\phi 100 \times 50mm$ 的圆柱体，放入 $T = （20 \pm 2）℃$ 的水中，继续养护至 28d、180d 和 360d 时，按要求测试，并按下式计算氯离子迁移系数。试验仪器为氯离子扩散快速测试仪（丹麦 GERMANN 仪器公司，型号 PROOVE1T）。

$$D_{RCM} = \frac{0.0239 \times （273 + T）L}{（U - 2）t}（X_d - 0.0238\sqrt{\frac{（273 + T）LX_d}{U - 2}}）$$

式中　D_{RCM}——混凝土的非稳态氯离子迁移系数，精确到 $0.1 \times 10^{-12}m^2/s$；

　　　U——所用电压的绝对值（V）；

　　　T——阳极溶液的初始温度和结束温度的平均值（℃）；

　　　L——试件厚度（mm），精确到 0.1mm；

　　　X_d——氯离子渗透深度的平均值（mm），精确到 0.1mm；

　　　t——试验持续时间（h）。

碳化性能试验采用《普通混凝土长期性能和耐久性能试验方法标准》（GB/T 50082—2009）中的快速碳化法，试块在标准养护 26d 后，60℃干燥 48h，移入二氧化碳浓度为（20 $\pm$ 3）%、温度（20 $\pm$ 2）℃、湿度（70 $\pm$ 5）% 的碳化箱中碳化，分别测试 3d、7d、28d、90d 和 180d 的碳化深度。

混凝土抗冻性能试验方法，参照《普通混凝土长期性能和耐久性能试验方法标准》（GB/T 50082—2009）中的"快冻法"进行测试。混凝土养护龄期为 28d，试件为 100mm × 100mm × 400mm 的棱柱体，试验仪器为快速冻融试验机（天津市天宇实验仪器有限公司生产，型号 CDR）。

3.4.2 力学性能

1. 单轴抗压

我们分别测试了黏土陶粒混凝土（NLC）、普通铬铁渣轻集料混凝土（PLC）、高强铬铁渣轻集料混凝土（LC）和核-壳结构铬铁渣轻集料混凝土（MLC）的 7d、28d 和 90d 单轴抗压强度，测试结果如图 3-23 所示。同时，每组样品分别进行 6 组平行试验，取 6 组测试结果的中间值，得到了 90d 龄期时的应力-位移曲线，结果如图 3-24 所示。经测试，所有轻集料混凝土样品的表观密度均在 1800kg/m³ 等级范围内。

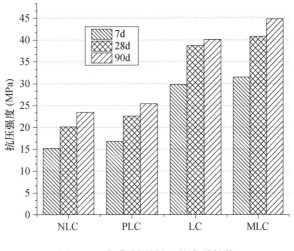

图 3-23　轻集料混凝土的力学性能

由图 3-23 可知，在测试范围的每个龄期，黏土陶粒混凝土（NLC）和普通铬铁渣轻集料混凝土（PLC）的抗压强度均低于高强铬铁渣轻集料混凝土（LC）和核-壳结构铬铁渣轻集料混凝土（MLC），这主要是因为轻集料自身力学性能有较大差异。经测试发现，黏土陶粒混凝土（NLC）和普通铬铁渣轻集料混凝土（PLC）的表观密度分别在（1880 ± 20）kg/m³ 和（1800 ± 20）kg/m³ 之间，而前者在各个龄期的抗压强度却低于后者，这说明普通铬铁渣轻集料混凝土（PLC）具有更低的表观密度和更高的强度，普通铬铁渣轻集料完全可以替代黏土陶粒用作轻集料混凝土的制备，且具有更优异的性能。当轻集料筒压强度相近时，核-壳结构铬铁渣轻集料混凝土（MLC）仅略高于高强铬铁渣轻集料混凝土（LC），差异不明显，两种轻集料自身性能差异对其轻集料混凝土的影响需要进一步详细和深入研究。

由图 3-24 可以看出，90d 龄期时，筒压强度较高的高强铬铁渣轻集料（LW）和核-壳结构铬铁渣轻集料（MLW）制备得到的轻集料混凝土，极限应力分别是 45.8MPa 和 47.8MPa，对应的最大位移分别是 0.91mm 和 1.13mm，将近黏土陶粒（NLW）与普通铬铁渣轻集料（PLW）制备得到轻集料混凝土的 2 倍，这充分说明了轻集料力学性能对轻集料混凝土的限制作用。因此，高强轻集料混凝土的配制和生产实践中，高强轻集料的性能，特别是力学性能是非常重要的影响因素之一。

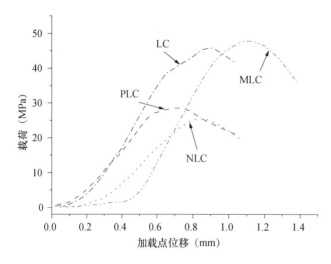

图 3-24 轻集料混凝土单轴抗压应力-位移曲线（90d）

对比高强铬铁渣轻集料混凝土（LC）和核-壳结构铬铁渣轻集料混凝土（MLC）的荷载-位移曲线可知，前者与普通轻集料混凝土相似，受力后试块变形量逐渐稳定增大，至极限应力后，曲线进入下降阶段，直至试块完全破坏。而后者则出现了由受力开始至位移 0.4mm 这一稳定阶段，此段曲线说明，加载点位移持续增加，但相应的应力却变化不大，即此阶段的应力基本以形变方式耗散，这可能与二者表面结构和矿物组成的差异有关，需要进一步对这一差别带来的变化进行详细的研究和分析。通过黏土陶粒轻集料混凝土（NLC）和普通铬铁渣轻集料混凝土（PLC）应力-位移曲线可知，前者的极限应力较大，但其形变量相对较小。可见，由于轻集料性能的差异，其配制的混凝土的断裂过程也存在很大的不同。

综上所述，具有核-壳结构铬铁渣轻集料混凝土的极限破坏荷载及其对应的断裂位移均大于高强轻集料混凝土，这两种铬铁渣轻集料制备所得混凝土的极限破坏荷载和断裂位移均显著大于强度等级较低的黏土陶粒（NLW）和普通铬铁渣轻集料（PLW）混凝土，说明前者在承载力、体积变化能力和能量耗散能力等方面性能均优于后者。可以看到，轻集料作为轻集料混凝土的重要组成部分,其性能变化对混凝土的力学性能、断裂特征、损伤失效过程等有重要的影响。

2. 破坏形态

由图 3-25、图 3-26 轻集料混凝土 90d 的断裂形态可见,两种铬铁渣轻集料混凝土试块整体都呈现裂缝在试块中轴线附近垂直扩展或乱向扩展,但试块整体结构未出现溃散,保持了完整形状,这与同等级普通混凝土的破坏方式有一定差异。进一步观察裂纹在混凝土内部的扩展方式发现,两种轻集料混凝土均以轻集料贯穿破坏为主,可见少量沿界面断裂。高强轻集料混凝土(LC)样品中,裂纹从水泥砂浆中直接进入,并贯穿轻集料,扩展路径清晰可见,而核-壳结构铬铁渣轻集料混凝土(MLC)样品中,同一轻集料断裂处可见沿界面断裂和轻集料贯穿破坏的复合断裂方式,说明轻集料与水泥砂浆之间的界面过渡区对裂纹的扩展起到了阻碍扩展、曲线路径的作用,这也可能是此类轻集料混凝土力学性能和变形性能同时改善的主要原因。

图 3-25 高强铬铁渣轻集料混凝土裂纹与断裂形态(90d)

3.4.3 耐久性性能

1. 抗硫酸盐侵蚀

图 3-27 为高强铬铁渣轻集料混凝土在硫酸钠溶液中浸泡至不同龄期时,与同龄期未浸泡的高强铬铁渣轻集料混凝土的对比样的抗压强度变化情况。数据显示,高强铬铁渣轻集料混凝土标准养护 28d 后,在硫酸

钠溶液中继续浸泡 60d 时（图 3-27 中 90d 龄期），其抗压强度增加了 2.4MPa，继续养护至 180d 和 360d 时，抗压强度分别降至对比样的 95.81% 和 90.87%，且随龄期的延长，下降幅度有增加的趋势。可见，高强铬铁渣轻集料混凝土与普通轻集料混凝土在硫酸盐侵蚀环境中具有相似的规律。

图 3-26　核-壳结构铬铁渣轻集料混凝土断裂形态（90d）

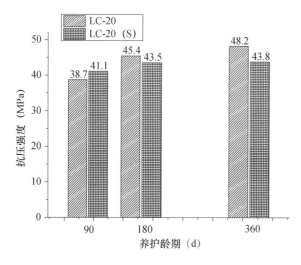

图 3-27　高强铬铁渣轻集料混凝土的抗硫酸盐性能

图 3-28 为具有核-壳结构的铬铁渣轻集料混凝土的抗硫酸盐侵蚀性能变化情况。由图可知，养护至 90d 时，侵蚀样品的抗压强度增加了 4.6MPa，继续养护至 180d 和 360d 时，侵蚀后的样品的抗压强度分别为对比样的 103.43% 和 98.31%。侵蚀时间接近一年的样品，其抗压强度仅下降了 1.7%，充分说明具有核-壳结构的轻集料大大改善了铬铁渣轻集料混凝土的抗硫酸盐侵蚀性能。与高强轻集料混凝土相比，一方面，

核-壳结构铬铁渣轻集料混凝土中水泥含量少，而粉煤灰含量更多，故能与硫酸盐反应的氢氧化钙［$Ca(OH)_2$］和铝酸钙（C_3A）含量下降。更为重要的是，经过结构和组成设计的核-壳复合结构轻集料，可显著改善轻集料与水泥石之间的界面过渡区的密实程度，大大降低了界面区域和混凝土整体的孔隙率，从而削弱了硫酸盐离子的迁移能力，降低了其与混凝土材料发生化学反应的概率。

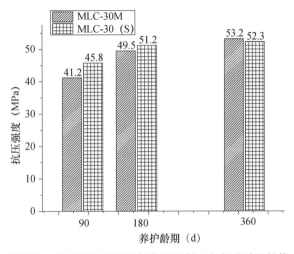

图 3-28　核-壳结构铬铁渣轻集料混凝土的抗硫酸盐性能

2. 抗氯离子渗透性

采用快速氯离子迁移系数法（RCM 法）测定了两种铬铁渣轻集料混凝土的抗氯离子渗透性能，试验结果如图 3-29 所示。随着养护龄期的延长，两种铬铁渣轻集料混凝土的氯离子渗透系数均有不同程度的下降，且核-壳结构铬铁渣轻集料混凝土的渗透系数在各个龄期都低于高强轻集料混凝土的，养护 360d 时，前者的数值仅为后者的 64.68%，说明具有改性层的铬铁渣轻集料，其抗氯离子渗透的能力更好。因此，轻集料混凝土密实程度增加，孔隙率降低，特别是水泥石与轻集料界面过渡区综合性能的提升，对铬铁渣轻集料混凝土的抗氯离子渗透能力有显著的改善。

3. 抗碳化

混凝土碳化是一个非常复杂的多相物理化学过程，其本质是大气环境中的 CO_2 进入混凝土表面和内部，溶入孔隙液相中使混凝土溶液碱性降低的过程，而碱度的下降将使水泥水化产物不断分解、劣化，使得混凝土结构发生破坏。其过程可概述为：二氧化碳进入混凝土孔隙，逐步扩散至混凝土内部，不断溶解于液相中，碳酸根离子首先与溶液中的氢氧根离子发生中和反应，逐渐降低溶液的碱度，同时，C-S-H 凝胶和氢氧化钙等水泥的水化产物不断分解，与碳酸根生成了难溶于水的碳酸钙。混凝土碳化过程主要化学反应式包括：

$$CO_2 + H_2O \longrightarrow H_2CO_3$$

$$Ca\,(OH)_2 + H_2CO_3 \longrightarrow CaCO_3 + 2H_2O$$

$$3CaO \cdot 2SiO_2 \cdot 3H_2O + 3H_2CO_3 \longrightarrow 3CaCO_3 + 2SiO_2 + 6H_2O$$

$$2CaO \cdot SiO_2 \cdot 4H_2O + 2H_2CO_3 \longrightarrow 2CaCO_3 + SiO_2 + 6H_2O$$

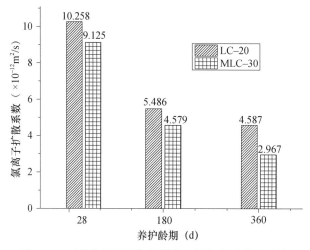

图 3-29　两种铬铁渣轻集料混凝土的氯离子渗透系数

本小节对两种铬铁渣轻集料混凝土的抗碳化性能进行了测试，结果如图 3-30 所示。可见，随碳化时间的延长，两种轻集料配制得到的混凝土的碳化深度增加。对比高强轻集料混凝土和核-壳结构铬铁渣轻集料混凝土的碳化深度变化情况，随碳化时间的延长，两者的碳化深度交替增长，两种轻集料混凝土并未出现明显的差异。如前所述，混凝土的碳化是非常复杂的物理化学过程，影响因素众多，各影响因素在不同阶段承担不同的角色。28d 龄期时，LC-20 和 MLC-30 的抗压强度分别是24.6MPa 和 25.4MPa，强度等级相同，故两者的早期碳化深度变化不大，但随着龄期的延长，前者的力学性能将逐渐低于后者。总之，铬铁渣轻集料的抗碳化性能与普通轻集料混凝土具有相似的变化规律，铬铁渣轻集料不会对其所配制得到的轻集料混凝土的抗碳化性能产生不利影响，抗碳化性能指标完全满足现有的工程设计标准要求。

4. 抗冻融循环

两种铬铁渣轻集料混凝土经历 200 次冻融循环过程，试块质量的变化如图 3-31 所示，相对动弹性模量随冻融循环次数的变化规律如图 3-32所示。

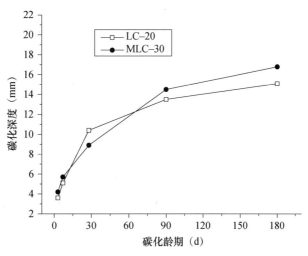

图 3-30　两种铬铁渣轻集料混凝土的碳化深度

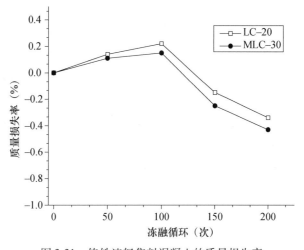

图 3-31　铬铁渣轻集料混凝土的质量损失率

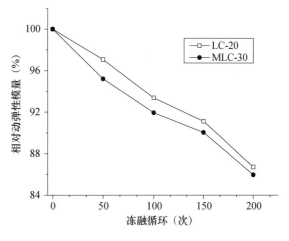

图 3-32　两种铬铁渣轻集料混凝土的冻融循环次数与
相对弹性模量的变化规律

由图 3-31 和图 3-32 可知，试块质量呈现出先缓慢增加，后迅速降低的特点，但总体变化不大，质量波动幅度范围在 0.3% ~ 0.5% 之间，二者的相对弹性模量随循环次数的增加均在下降，至 200 次时，分别为 86.7% 和 85.9%，均显示出较好的抗冻性能。轻集料特有的粗糙多孔的表面，使其具有了"吸水-返水"的"微泵效应"，对缓解冻融循环过程中静水压和渗透压以及孔溶液的浓度差对轻集料混凝土的损失和破坏有着显著的作用。

3.5 界面过渡区性能与结构特征

3.5.1 原料与方法

1. 主要原料

试验原料主要包括：高强铬铁渣轻集料（LW）和核-壳结构铬铁渣轻集料（MLW），其主要物理性能指标列于表 3-12。将样品制备成尺寸为 $\phi 10 \times 30mm \sim \phi 15 \times 30mm$ 的圆柱体，用于界面过渡区微观结构和形貌的测试；尺寸为 $40mm \times 40mm \times 7mm$ 的立方块，则用于界面粘结力学性能的测试，其实物如图 3-33 所示。外购 PVC 塑料管，尺寸为 $\phi 25mm$；环氧树脂（E-51 型，杭州五会港胶粘剂有限公司生产）；自来水。

表 3-12　铬铁渣轻集料主要性能指标

	表观密度	吸水率		抗压强度
	ρ（g/cm³）	1h（w%）	24h（w%）	S（MPa）
LWA	1.38	0.72 ± 0.02	0.96 ± 0.05	7.61 ± 0.32
MLWA	1.37	0.75 ± 0.03	0.95 ± 0.06	7.49 ± 0.41

2. 试验方案

（1）轻集料-水泥石界面粘结力学性能测试

将高温烧结制成的 $40mm \times 40mm \times 7mm$ 的轻集料边角打磨、整形处理后，固定在模具中间位置，浇注水泥净浆（$W/C = 0.4$），24h 后脱模，在温度 $T = (20 \pm 2)℃$，湿度 RH ≥ 97% 的条件下，养护至测试龄期。

采用三点弯曲试验方法，加载速率 50N/s，试件在持续增加荷载的作用下，将在最薄弱处产生应力集中，当超过其承载极限后产生裂纹，裂纹将沿轻集料与水泥石之间的界面扩展，直至破坏失效，得到应力-应变曲线，并对其进行分析。

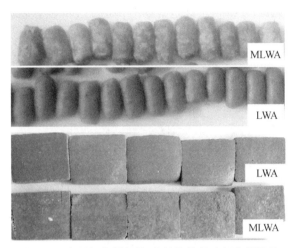

图 3-33　高强轻集料与核-壳结构铬铁渣轻集料样品

以单轴三点弯曲强度为主要指标，分析铬铁渣轻集料与水泥石之间的界面粘结强度。测试示意图如图 3-34 所示，待测试块置入水泥胶砂抗折试验机中，使轻集料与中心施力轴重合，加载速率 2400N/s。本次试验采用三点弯曲强度（R_f）来表征轻集料与水泥石的界面粘结强度，测试结果为 10 次平行实验的平均值。三点弯曲强度由式（3-1）计算：

$$R_f = \frac{1.5F_f \cdot L}{b^2} \tag{3-1}$$

式中　R_f——三点弯曲强度（MPa）；

　　　F_f——最大荷载（kN）；

　　　L——下支撑轴之间的距离，100mm；

　　　b——试件界面宽度，40mm。

图 3-34　铬铁渣轻集料与水泥石界面粘结强度测试示意图

（2）界面过渡区微观结构测试样品的制备

在 PVC 塑料管内壁上涂刷植物油，方便脱模。将铬铁渣轻集料样品固定在塑料管的中心位置，浇注水泥净浆（$W/C = 0.4$），标准养护［$T =$

（20±2）℃，RH≥97%〕至规定龄期后，切片，并放入乙醇溶液中24h终止水化，如图3-35所示。

图3-35　铬铁渣轻集料与水泥石界面过渡区形貌分析的样品实物图

（3）背散射图像分析原理与方法

经过抛光的样品，采用背散射扫描电镜（BSE）得到的图像，其衬度由物相所在微区的平均原子序数决定，故由背散射扫描电镜测试方法得到的扫描图片中，水泥石中的各组分可被看作由灰度值在0～255之间波动的黑白图像。一般而言，灰度值由大到小依次对应未水化的水泥熟料、水化产物和孔隙。水化56d水泥石的BSE图像的灰度直方图，如图3-36（a）所示，可以看到：含量最高的水泥水化产物（hydration products，HP），其最大值对应的灰度值为120，而未水化熟料颗粒（unhydrated cement，AH）的灰度值在200左右，其含量较少，水化产物氢氧化钙（calcium hydroxide，CH）的灰度值为150左右，且其相对含量较高，说明水泥水化进行得比较充分。水泥石以C-S-H凝胶和氢氧化钙为主，并含有少量的未水化熟料和孔隙，这符合普通硅酸盐水泥水化56d的实际情况。

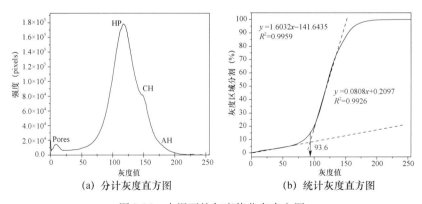

（a）分计灰度直方图　　　　　（b）统计灰度直方图

图3-36　水泥石的灰度值分布直方图

孔隙率的梯度分布是集料与水泥石界面过渡区的主要特征之一，为了能准确分析铬铁渣轻集料与水泥石界面结构中孔隙的含量，并进一步通过孔隙含量的变化判断不同轻集料与水泥石的界面过渡区厚度，需要对背散射图像进行二值化分割处理，即区分孔和非孔结构的灰度阈值，这是本部分的关键。二值化分割阈值的确定，最常用的理论是边界溢出理论，具体步骤如下：首先获得如图3-36（b）所示的背散射图像的灰度累积直方图曲线，取曲线拐点处两侧切线的交点，此交点即为二值化分割的阈值，本实验拟合后得到的二值化阈值为93.6。于是，孔与非孔的分界值即为93.6，灰度值小于93.6时，将被视为孔，并将灰度值统一设置为0，其余非孔结构的灰度值即可设置为255。采用中心扩散法，对界面过渡区结构的孔隙率进行了定量分析，统计区域从界面处靠近轻集料一侧为起点，沿垂直于轻集料边界轮廓线的方向，以固定距离向水泥石基体方向进行，至孔隙率不变时为止，该距离即为统计区域宽度。背散射图像分析法的主要分析流程如图3-37所示。

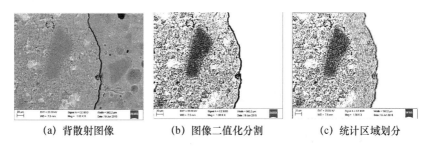

(a) 背散射图像　　　　(b) 图像二值化分割　　　　(c) 统计区域划分

图3-37　背散射图像分析的主要分析流程

具体试验过程按如下步骤进行：

① 背散射测试样品的制备：首先，将达到测试龄期，包裹了轻集料的水泥石切片，初步打磨（240目粗砂纸），表面清理干净后，进行环氧树脂包埋处理，随后置于40℃左右的环境中固化24h，固化后的样品，分别用不同细度砂纸（240～1200目）依次打磨，最后，用金刚石研磨膏（W0.5、W1.0、W2.5）依次抛光，得到背散射测试分析样品。

② 背散射测试：在背散射模式下，选取在×1000倍数左右时，拍摄不同位置的轻集料-水泥石界面处形貌照片，约20张，备用。

③ 背散射图像分析：利用Image Pro Plus图像处理软件对背散射所得照片分别进行锐化、二值化分割、统计区域划分和孔隙率统计分析。

（4）界面过渡区的显微硬度与弹性模量

纳米压痕（Nanoindentation）又称深度敏感压痕（Depth-Sensing Indentation）技术，是目前应用于胶凝材料性能表征和混凝土界面过渡区的研究最广泛的技术手段之一，其在精度和分辨率方面具有传统的显微硬度测试不可比拟的优势，能够很好地表征材料的硬度、弹性模量。纳米压痕硬度测试对试样表面平整度要求较高，样品的制备步骤如下：

①按照界面过渡区微观结构测试样品的制备方法，将样品养护至规定龄期后，用酒精浸泡48h以上，终止水化；

②将终止水化的样品用环氧树脂进行冷镶；

③待环氧树脂固化后，用切割机将试样切割成厚度5~10mm的薄片，将试样切面在磨样机上进行打磨，依次用75μm、30μm的抛光布进行抛光后，用1μm、0.5μm、0.05μm抛光液在绒布上进一步抛光，得到平整、光滑的表面；切割、打磨过程中，必须保持切片2个平面平行，以防止因表面不平整造成压入角度的变化而影响最终测试结果的准确性；

④抛光后的试样进行超声清洗，以清除可能吸附在表面的抛光剂颗粒以及打磨过程中产生的样品粉末。

整个制样过程中的冷却、润滑剂全部用酒精，防止用水，以避免胶凝材料遇水后的进一步水化。制备好的待测样品如图3-38所示。

图3-38　纳米压痕用样品

采用NanoTest纳米压痕仪（MML公司）测试样品各个微区的纳米压痕硬度及弹性模量。采用荷载控制模式，当压头接触到样品表面时按照0.2mN/s的速率线性加载10s至2mN，恒载5s，之后按照0.2mN/s的速率线性卸载。每个试样截面上采集10×10的点阵，相邻点之间的间隔为10μm，最大荷载为2mN，依次对每个测试点进行加载-卸载循环，并记录其荷载-位移曲线，根据Oliver-Pharr原理对所得荷载-位移曲线进行计算即可得到材料中各个测试点的硬度H和压痕模量E。

3.5.2 界面粘结强度

铬铁渣轻集料与水泥石之间的界面粘结强度测试结果如图 3-39 所示。可以看到，随着水化时间的延长，界面粘结强度都持续增加，特别是在 30d 之前的早龄期快速增大，而高强轻集料（LW）与水泥石界面粘结强度在 90d 后趋于平稳，而核-壳结构铬铁渣轻集料（MLW）在 180d 后，仍有小幅度的增加，这与两种轻集料表面组成不同有关。更重要的是，核-壳结构轻集料与水泥石之间的粘结强度均远大于高强轻集料，且随着养护龄期的增加，这一差距有增加的趋势，在水化 3d、28d、90d、180d 和 360d 龄期时，前者分别高 17.4%、28.0%、39.1%、53.8% 和 57.4%。

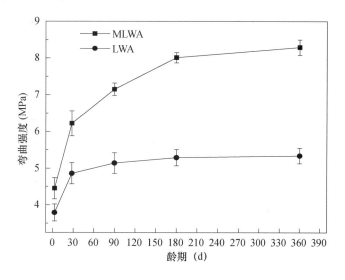

图 3-39　铬铁渣轻集料与水泥石界面粘结强度

与高强铬铁渣轻集料不同的是，核-壳结构铬铁渣轻集料表面层由一层具有水化活性的改性层包裹，且该改性层与水泥熟料组成相近，水化反应产物与水泥石基本相同。同时，由于受热不均，外壳改性层与内核轻集料之间的固相反应不完全一致，使轻集料表面形成了粗糙，并具有一定孔隙的结构，这有利于其与水泥石之间物理嵌锁效应的发挥。与水接触后，铬铁渣轻集料表面改性层中的硅、铝、硫酸根等离子随即大量溶出，溶液中上述离子浓度迅速增加，随着时间推移，在轻集料表面附近区域，开始析出 C-S-H 凝胶、氢氧化钙以及单硫型水化硫铝酸钙（AFm），填充在轻集料表面周围，降低了这一区域的孔隙率。可见，核-壳结构铬铁渣轻集料与水泥石之间的界面过渡区，其在组成和结构上与高强轻集料存在显著差异，这可能是前者宏观粘结强度明显高于后者的主要原因。

铬铁渣轻集料与水泥石断面的形貌如图 3-40 所示。可以看到，高强轻集料与核-壳结构铬铁渣轻集料的断裂形貌差异显著，裂纹的产生与扩张路径完全不同。与普通集料和普通轻集料相同，表面同样为光滑釉质层的高强铬铁渣轻集料，断裂面完全沿轻集料与水泥石之间的界面扩展、断裂后，轻集料与水泥石表面未出现相互咬合或渗透，均整洁、干净，与轻集料样品基本一致，未见明显的破坏痕迹。可以推测，当受到外力作用时，裂纹的产生和扩展均发生在轻集料与水泥石之间界面。观察核-壳结构铬铁渣轻集料的断裂形貌可知，断裂路径由沿界面的单一路径转换为在水泥石、界面和轻集料中均可见的多路径，基本实现了轻集料阻滞裂纹扩展，曲化裂纹扩展路径的设计目标，且由于界面过渡区组成和性能的改善，这一区域已不再是整体结构中的薄弱区。表面改性层与内核轻集料结合程度的差异，导致表面改性层厚度并非完全一致，故表面层参与水化反应，最终对二者界面组成和结构的影响也不同，因此，断裂路径出现在水泥石和轻集料中，以及沿界面断裂的情况。

当轻集料与水泥石界面组成和结构适宜时，断裂路径完全在水泥石基体中扩展，说明水泥石成为这一体系中的相对薄弱区域，这为高强和超高强轻集料混凝土的设计提供了新的思路，有很大的想象空间。同时，为基于轻集料混凝土的高性能轻集料的设计和制备指出了方向。

(a) LWA　　　　　　　　　(b) MLWA

图 3-40　铬铁渣轻集料与水泥石断裂面形貌（180d）

为了进一步分析两种铬铁渣轻集料与水泥石粘结强度和断裂过程存在差异的原因，对粘结面轻集料的微观形貌做了 SEM 分析，结果如图 3-41 所示。可以看到，高强轻集料与水泥石粘结处，大量的水泥水化副产物氢氧化钙（CH）在轻集料表面生成，垂直于表面，并定向生长。同时，氢氧化钙板状晶体的分布呈区域性，无规律散乱分布，部分表面并未被覆盖，这可能与轻集料表面特殊的组成和结构有关，有待进一步研究。而核-壳结构铬铁渣轻集料，其表面被大量的致密凝胶状物质完全包裹，未见定向生长的氢氧化钙，与高强轻集料表面形貌完全不同。可见，高强轻集料与水泥石粘结面由大量的孔隙（未被氢氧化钙包裹处）和定向生长的氢氧化钙晶体组成，而核-壳结构铬铁渣轻集料表面则被大量的致密 C-S-H 凝胶包裹，两者这一区域微观组成和结构的差异是粘结强度和断裂过程不同的根本原因。

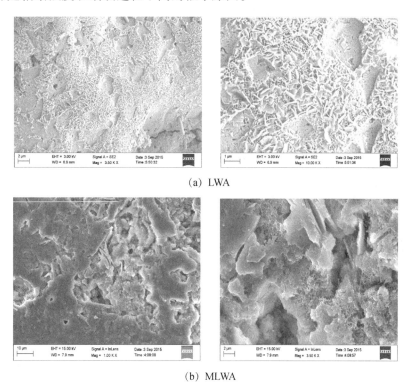

（a）LWA

（b）MLWA

图 3-41　铬铁渣轻集料与水泥石断裂面微观形貌（180d）

3.5.3　界面过渡区结构特征

对水化 28d、90d 和 180d 龄期的两种不同铬铁渣轻集料与水泥石界面过渡区进行了 BSE 测试和分析，结果如图 3-42 所示。左侧图片为背散射测试原图，右侧为二值化处理之后的图片。背散射原图中，颜色较深一侧为水泥石基体，而颜色较浅，有少量圆形孔洞的一侧为铬铁渣轻集料；二值化处理后的黑色部分即为样品中的缝隙和孔洞。

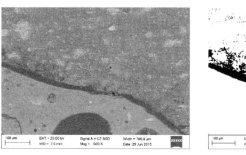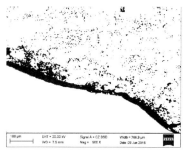

（a）LWA-28d

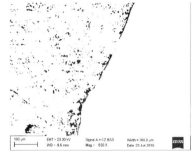

(b) MLWA-28d

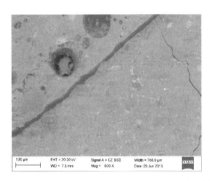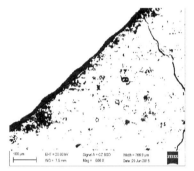

(c) LWA-90d

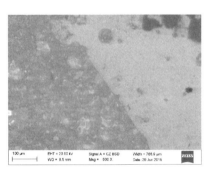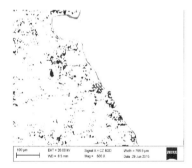

(d) MLWA-90d

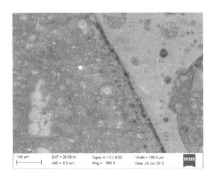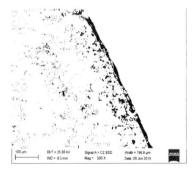

(e) LWA-180d

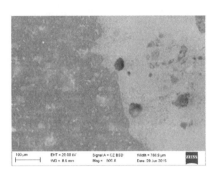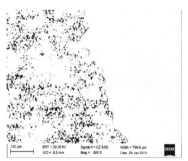

(f) MLWA-180d

图 3-42 不同水化龄期内界面过渡区的 BSE 图像与二值化处理

通过上述背散射图像及其二值化处理后的图片，可清晰看到，两种铬铁渣轻集料与水泥石之间均存在明显的过渡区，但核-壳结构铬铁渣轻集料的这一区域宽度明显小于高强轻集料，随着水化龄期的延长，前者样品中这一区域的宽度持续缩小，至 180d 龄期时，这一分界区域已经非常模糊，而后者变化不明显，且 180d 龄期时仍清晰可见。

1. 孔隙率分布与 ITZ 厚度

为了更直观、准确地分析这两种轻集料与水泥石界面过渡区孔隙率的变化，对该区域进行了统计，以便对这一区域的结构特征和变化进行量化分析。两种铬铁渣轻集料与水泥石界面过渡区的孔隙率分布统计结果，如图 3-43 和图 3-44 所示。

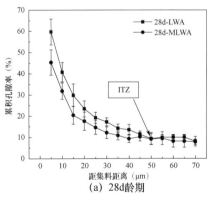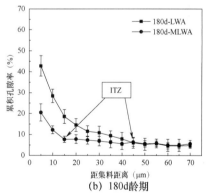

(a) 28d 龄期　　　　(b) 180d 龄期

图 3-43 轻集料与水泥石界面过渡区孔隙率及其分布

从图 3-43 可以看到，在同一龄期时，两种轻集料在 28d 时最高孔隙率分别为 60% 和 45%，至 180d 龄期时，降低至 43% 和 21%，降幅分别为 28% 和 53%。同时，随着测试点自轻集料表面处向水泥石方向延生，其孔隙率逐渐下降，在早期（28d），其孔隙率均在离轻集料表面 50μm 处开始稳定在 10% 左右，到 180d 时，两种轻集料的孔隙率分别在 45μm

和15μm处逐渐稳定，距离缩短10%和70%。可见，在同一龄期，两种轻集料的孔隙含量和分布情况差异较明显，具有核-壳结构的铬铁渣轻集料，其不仅具有更低的孔隙率，且分布范围也远远小于高强轻集料，这对轻集料混凝土的力学性能以及断裂过程都将产生重要的影响。

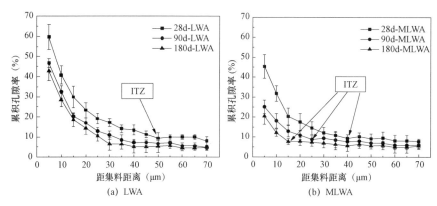

(a) LWA (b) MLWA

图3-44　不同水化龄期时界面过渡区的孔隙及其分布

由图3-44可知，随着龄期的延长，高强轻集料样品的孔隙率有下降趋势，但其从90d到180d龄期的变化不明显，且其孔隙率的稳定均在离轻集料表面50μm左右，这说明随着水泥水化的不断进行，其孔隙率有减小的趋势，但其分布范围较广。同时，随着水化的进行，具有核-壳结构的铬铁渣轻集料与水泥石的界面区域的孔隙率快速下降，均明显低于高强轻集料；28d、90d和180d时，孔隙率的稳定值分别出现在离轻集料表面40μm、25μm和15μm处。实际上，核-壳结构铬铁渣轻集料与水泥石的界面过渡区厚度在28d、90d和180d龄期时分别是高强轻集料样品的80%、62.5%和50%。上述规律说明，外壳改性层的存在，不仅使轻集料与水泥石界面过渡区的孔隙率大幅度下降，且随着持续的水化，能不断缩短这一区域的宽度。界面过渡区这一组成和结构上的变化，势必对轻集料混凝土的宏观性能产生较大的影响。

2. 界面过渡区显微硬度与弹性模量

鉴于轻集料的改性层的主要矿物是C_2S，其水化反应一般发生在28d以后，早期改性层对界面过渡区的作用在微观上并不会太显著，因此对纳米压痕的测试只针对60d、90d的样品。根据纳米压痕测试结果计算获得微区的硬度H和弹性模量E，并对参数在二维平面上进行描绘，如图3-45、图3-46和图3-47所示。图3-45为打点微区示意图，深色部分为轻集料，浅色部分为水泥基体。图3-46、图3-47分别为样品的弹性模量E和显微硬度H。

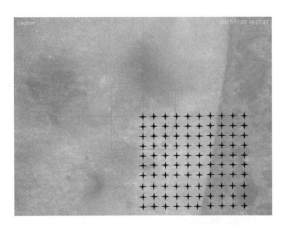

图 3-45　纳米压痕测试微区示意图

　　一般认为，水泥石的水化产物硬度不高于 2GPa，弹性模量不高于40GPa，大于该数值的区域可认为是未水化水泥颗粒或者其他（本文指集料）。按照弹性模量和硬度从小到大的顺序，被测样品微区的成分依次为孔洞、水化产物（弹性模量 <40GPa，硬度 <2GPa）、未水化水泥颗粒（弹性模量 125～145GPa，硬度 8～10.8GPa）、集料。

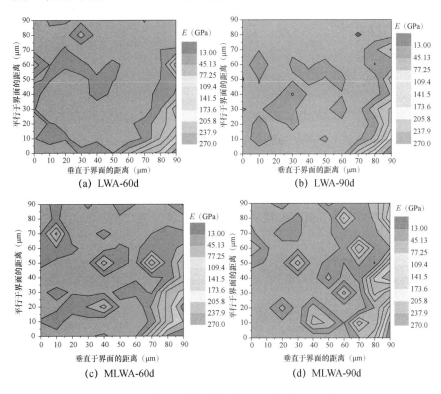

(a) LWA-60d　　　　　　　　　　　　　(b) LWA-90d

(c) MLWA-60d　　　　　　　　　　　　(d) MLWA-90d

图 3-46　不同水化龄期时界面过渡区的弹性模量

　　由图 3-46 和图 3-47 可以看出：轻集料与水泥石之间的界面过渡区的弹性模量和硬度均随着龄期的增加而增大，这与水化进程有直接关系，且两种轻集料与水泥石之间的界面过渡区的硬度和弹性模量的分布有很大的不同，核-壳结构轻集料样品（MLWA）的界面过渡区的集料与水化产物之间的相互钳锁和咬合效果更为突出，两者形成的"嵌锁结构"，进一步弱化界面过渡区，增强轻集料与水泥石之间的连接。

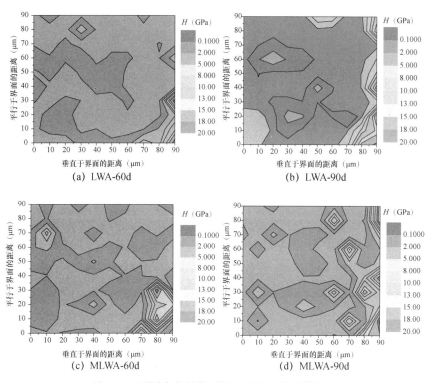

图 3-47   不同水化龄期时界面过渡区的显微硬度

3.6   本章小结

以 Riley 三角形相图为理论指导，以铬铁渣为主要原料，通过配入黏土增加原料塑性，并调整化学元素组成，掺入适宜比例的长石为助熔剂，控制轻集料表观密度等级，以表观密度、单颗抗压强度以及吸水率为主要考察指标，研究了铬铁渣掺量和烧成制度对上述性能的影响规律，得到以铬铁渣为主要原料的轻集料制备工艺参数，建立了铬铁渣轻集料制备工艺的基础数据，制得表观密度 40 ~ 1500kg/m³，抗压强度 0.5 ~ 6.5MPa，吸水率 1.0% ~ 8% 的不同等级和性能的轻集料。进一步，利用扫描电镜（SEM）、X 射线衍射（XRD）、图像分析法以及能谱分析等测试方法对轻集料内部的微观结构、表面形貌、孔隙特征以及矿物组成等进行研究，掌握了以铬铁渣为主要原料制备普通轻集料的关键技术和工艺，阐明了铬铁渣轻集料组成、结构与物理力学性能之间的内在联系与作用机制。

结合铬铁渣以镁橄榄石为主晶相的矿物组成特点，利用其在800℃即开始产生高铁玻璃相的热分解特性，提出以调控成品矿物组成为设计目标的高强轻集料设计方法，通过配入适宜的硅铝质组分，将镁橄榄石转化为堇青石，大幅度降低了轻集料中主晶相的热膨胀系数，削弱了热应力对轻集料内部结构的影响，得到了高强、低吸水的高强铬铁渣轻集料；以 $CaO\text{-}C_2S\text{-}C_{12}A_7$ 相图为理论依据，并通过对熟料矿物中贝利特（$\beta\text{-}C_2S$）和硫铝酸四钙（$C_4A_3\bar{S}$）组成比例的设计，制备出具有不同水化历程的外壳层矿物；实现了二者的同步烧成和稳定嵌合，且能保证各自性能的稳定，从而制备出整体性能良好的核-壳结构铬铁渣轻集料。

最后，讨论不同轻集料混凝土的工作性能、力学性能以及抗渗和体积稳定性等耐久性性能，综合评价了铬铁渣轻集料混凝土与普通黏土陶粒混凝土和页岩轻集料高强混凝土的性能优缺点；同时，全面分析了轻集料混凝土的受力破坏过程和断裂行为，特别是轻集料-水泥石界面过渡区变化对荷载作用下裂纹扩展路径的影响，以及脆性破坏的影响规律；利用背散射（BSE）图像分析技术研究界面孔隙率分布，利用纳米压痕技术研究界面过渡区弹性模量（E）以及显微硬度（H），并确定界面过渡区厚度；掌握高强铬铁渣轻集料混凝土和核-壳结构铬铁渣轻质混凝土的配制技术，揭示轻集料与水泥石界面过渡区变化对轻集料混凝土整体综合性能的影响规律与原理。

4 高碳铬铁冶金渣功能材料

4.1 耐火浇注料

4.1.1 设计思路与方案

耐火浇注料，是由耐火集料、细粉和结合剂组成的没有黏附性的混合料，浇注成型后经一段时间养护完成结合剂水化、凝固过程，以获得一定强度，再经烘烤后使用。耐火浇注料是不定形耐火材料的主要品种，具有易于锚固、施工方便、劳动强度低、砌筑效率高等优点。

耐火集料是不定形耐火材料组织结构中的主体材料，起骨架作用，很大程度上决定其物理力学和高温使用性能，也是判断材料属性及其应用范围的重要依据。耐火集料一般指粒径大于 0.088mm 的颗粒料，可分为粗集料和细集料。颗粒尺寸大于 5mm 的称为粗集料，5mm 以下至 0.09mm 的称为细集料。不定形耐火材料的粒度分布对其性能有极大的影响，粒度组成的合理与否，不仅影响着材料的工作性能，如流变性、可塑性、铺展性、涂抹性、附着率等，也影响着制成衬体后材料的气孔率、体积密度、透气性、力学强度、弹性模量等物理性能，进而影响着材料的最终使用性能，如抗熔体渗透性和侵蚀性、抗热震性、耐磨和耐冲刷性、高温结构强度等。

结合铬铁渣矿物组成特点，尝试利用铬铁渣设计制备耐火浇注料，以铬铁渣为主要研究对象，初步考察铬铁渣耐火浇注料的密度，显气孔率以及常温力学性能，为其资源化、减量化和高附加值回收利用提供新思路。

1. 主要原料

铬铁渣经破碎、筛分、粉磨制成 2.36～4.75mm、1.18～2.36mm、0.3～1.18mm 和≤0.3mm 4 种粒度的集料或细粉备用（图4-1）。结合剂选用铝酸盐水泥（CA50）和硅灰，减水剂为聚羧酸系高效减水剂，均为市售产品。从表 4-1 可以看到铬铁渣的主要成分为 SiO_2、Al_2O_3 和 MgO，三者合计83.85%，主要元素组成与常用耐火集料相近。

图 4-1 铬铁渣细粉 （≤0.3mm）

表 4-1 耐火集料化学组成 （w%）

名称	SiO$_2$	Al$_2$O$_3$	Fe$_2$O$_3$	CaO	MgO	Cr$_2$O$_3$
湖北宜昌橄榄石	39.29	0.40	9.46	0.66	48.05	1.00
陕西南橄榄石	37.84	0.13	9.81	1.17	42.49	1.86
四川彭县蛇纹石	39.20	1.39	7.44	0.52	40.09	1.00
江西弋阳蛇纹石	37.9	8.67	1.35	0.29	39.00	0.14
铬铁渣	34.54	23.88	5.95	0.33	25.43	7.64

2. 试验方案

表 4-2 耐火浇注料实验配合比 （w%）

试验编号	铬铁渣集料			铝酸盐水泥	硅粉	铬铁渣粉	水
	0.3~1.18	1.18~2.36	2.36~4.75				
F1	0	0	50	7	4	31	8
F2	0	50	0	7	4	31	8
F3	50	0	0	7	4	31	8

注：减水剂掺量为胶凝材料（铝酸盐水泥＋硅粉）质量的 2.5%。

按表 4-2 所示配比配料，首先将水泥、铬铁渣粉、硅灰预拌均匀，加入水和减水剂后再次慢搅 30s，快搅 120s，加入铬铁渣粗集料，再次搅拌均匀，浇入 40 mm ×40mm ×160mm 的胶砂三联模具中，并在振实台上振实，标准养护 1d 后脱模。脱模后的试块继续标养 2d，放入（110 ± 5）℃的鼓风烘箱中烘 24h 待用；检测干燥及烧后试样的体积密度、常温抗折强度和常温耐压强度。

4.1.2 铬铁渣耐火浇注料性能

1. 煅烧温度

从图 4-2 中可以看到，试样煅烧后呈淡褐色，且随着温度升高，颜色加深，表面无明显裂纹，坚硬致密，经过 1600℃ 煅烧，试样严重变形，且表面可见明显的裂纹，无法满足服役要求。从图 4-3 中可以看到，在一定温度范围内（不高于 1500℃），随着煅烧温度的增长，试样常温耐压强度和抗折强度显著增大，超过 1500℃ 后，大幅度下降，这与试块的烧结体积变形有关。经过 1500℃ 煅烧，F2 抗压强度比经 110℃ 烘干增长了 1 倍多，而 F1 和 F3 大约只增长了 50% 和 70%。由此可见，铬铁渣骨料粒径变化对浇注料试块的常温强度（110℃ 烘干）和高温烧后的常温力学性能有着十分明显的影响。

图 4-2 铬铁渣耐火浇注料试块实物图
（从左到右边依次为：110℃ 烘干，1300℃，1400℃，1500℃，1600℃）

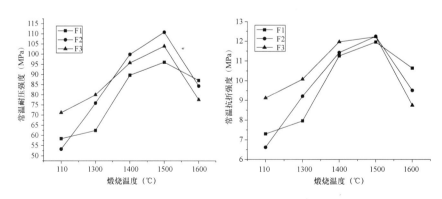

图 4-3 铬铁渣耐火浇注料试块煅烧处理后的常温力学性能

图 4-4 是试样显气孔率随煅烧温度的变化规律，可以看到，高温烧后的显气孔率均大于烘干后样品，在试验范围内，1500℃ 高温处理后各

组样品显孔隙率均较低。分析原因可能是：1）1300℃时，水化铝酸钙和 Al（OH）₃凝胶在高温处理过程中逐渐分解，逸出结合水，留下孔隙和通道，导致试样体显气孔率较110℃烘干样品上升；同时，由铝酸钙水泥的掺入而带入体系中的 CaO 与体系中的 SiO₂、Al₂O₃、Fe₂O₃等反应生成低共熔物，促进了固相反应和烧结的进行，有助于物料之间的粘结，提升力学性能。因此，1300℃处理后的样品，虽然试样的显气孔率高于烘干样品，但其力学性能仍然显著提升。2）在1300～1500℃时，随着温度的升高，液相增多，固相反应进行得更加彻底，体系更加密实，显气孔率降低，力学性能也进一步上升。3）1600℃时，由于铬铁渣集料熔融，并出现大量液相，其骨架支撑作用已完全消失，宏观上表现为试块的体积变形，从而使得体系的力学性能大幅下降，同时显气孔率增大，无法满足使用要求。

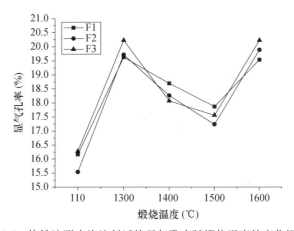

图4-4　铬铁渣耐火浇注料试块显气孔率随煅烧温度的变化规律

2. 铬铁渣集料粒径优化

上述研究表明，不定形耐火材料中集料的粒度分布对浇注料的工作性能、可操作性，以及硬化体物理力学性能和服役性能（抗熔体渗透性和侵蚀性、抗热震性、耐磨和耐冲刷性、高温结构强度等）等均有较大的影响。下文将重点考察铬铁渣集料的粒径分布变化与铬铁渣耐火浇注料性能的相互关系。

不定形耐火材料中常用的粒度分布有两种类型：间断式粒度分布和连续式粒度分布。间断式颗粒堆积是由尺寸大小不连续的颗粒混合而成的。通常分为几个颗粒尺寸段（级），各段（级）之间的颗粒尺寸大小并不相连。间断式粒度堆积理论最早是由 Furnas 提出的，根据该理论：当物料由几级粒度组成时，如由3级大、中、小粒度组成的堆积，其中中颗粒应恰好填充在大颗粒的空隙中，而细颗粒恰好填入大、中颗粒形成的空隙中，由此形成最紧密堆积。按此理论，如果引入越来越细的颗粒，采用更多级的粒度时，便可使气孔率越来越接近于零。但构成这种粒度分布时，各级颗粒量要形成几何级数。当粒级被推广到连续分布时，可用下式表示：

$$CPFT = \frac{r^{\lg D} - r^{\lg D_s}}{r^{\lg D_L} - r^{\lg D_s}}$$

式中　$CPFT$——直径小于 D 的颗粒百分数；

r——相邻两粒级的颗粒数量之比；

D——颗粒尺寸；

D_s——最小颗粒尺寸；

D_L——最大颗粒尺寸。

依据该理论，结合铬铁渣集料单粒级时耐火浇注料性能的变化规律，对集料进行了进一步优化调整（表4-3），使不同粒径集料互相搭配协同作用，充分发挥大粒级的骨架支撑和小粒级的烧结性能优势，提升浇注料的综合性能。

表4-3　耐火浇注料集料配合比（w%）

集料粒径	0.3~1.18	1.18~2.36	2.36~4.75
含量	35	20	45

表4-4　浇注料制品常温性能

性能	110℃	1500℃
常温耐压强度（MPa）	61.18	118.37
常温抗折强度（MPa）	9.07	12.74
体积密度（g/cm³）	2.53	2.49
显气孔率（%）	13.35	16.47

可以看到，集料不同粒径的搭配，110℃耐压强度和经过1500℃煅烧后耐压强度都已达到《高强度耐火浇注料》（JC/T 498—2013）中一等品要求，其抗折强度都达到高强耐火浇注料优等品要求，相对于单一粒径集料的耐火浇注料，体积密度提高，显气孔率降低，力学性能也有所提高。同时，经过集料优化的浇注料，工作性能也大幅提高，流动度好，且不离析，不泌水，易于成型。

4.2　董青石陶瓷材料

4.2.1　设计思路与方案

董青石（2MgO·2Al₂O₃·5SiO₂）材料具有较低的热膨胀系数和介

电常数，具备优异的抗热震性能，被广泛用于热交换机材料、窑业材料、汽车尾气净化装置、催化剂载体、泡沫陶瓷等。目前人工合成的董青石多采用高岭土、滑石、纯氧化物等天然或化工原料，通过高温固相法合成，也有少量用粉煤灰、废铝渣、稻壳灰等工农业固废物合成制备董青石的研究报道。研究表明，董青石的合成温度大多在1400℃左右，现有研究一般采用$MgO\text{-}Al_2O_3\text{-}SiO_2$三元相图中经莫来石或尖晶石组成区域进一步反应合成。近年来，研究者就原料组成、合成温度、烧结助剂等因素对合成董青石热膨胀性能的影响进行了大量试验研究。

铬铁渣的主要元素组成（SiO_2、Al_2O_3、MgO，三者占到铬铁渣总组成的83%）与董青石理论组成含量相近，本节以铬铁渣为主要原料，添加工业氧化铝粉、硅微粉合成制备董青石，设计了偏铝、偏硅、理论和偏镁四种配比，研究铬铁渣掺量变化对合成的多孔董青石陶瓷显气孔率、抗弯强度和热膨胀系数等物理性能的影响规律，讨论了不同烧成制度对董青石含量变化的影响规律，并通过结构表征，综合分析了以铬铁渣为主要原料合成制备董青石的反应过程和机理，为铬铁渣的高效回收利用提供新思路和必要的理论支撑。

1. 主要原料

试验用主要原材料铬铁渣、硅铝质添加料［工业氧化铝粉和二氧化硅微粉（硅灰）］的化学组成如表4-5所示，原料粒度分布如图4-5所示。可以看到，铬铁渣粒度$d_{0.5}=11.85\mu m$、工业氧化铝粉粒度（$d_{0.5}=8.45\mu m$）、二氧化硅微粉（$d_{0.5}=18.96\mu m$），以上原料经振动磨混磨6min后粒度为$d_{0.5}=13.68\mu m$。

表4-5 原材料化学组成

	SiO_2	CaO	Al_2O_3	Fe_2O_3	MgO	Cr_2O_3	TiO_2	SO_3	MnO	Na_2O+K_2O
铬铁渣	35.12	1.57	22.21	4.21	27.77	7.37	0.73	0.46	0.23	0.15
氧化铝粉	0.04	—	99.60	0.03	—	—	—	—	—	0.26
硅灰	99.90	—	0.01	0.04	—	—	—	—	—	—

2. 制备方案与表征方法

试验设计制备了4组不同的样品，分别为偏铝组成S1、偏硅组成S2、理论组成S3以及偏镁组成S4，具体原料配比和组成均列于表4-6。可以看到，四组样品的铬铁渣利用率大小关系为：偏镁组成 > 理论组成 > 偏硅组成 > 偏铝组成。配好的原料经振动磨粉磨6min后混合均匀，然后加入适量聚乙烯醇溶液（5%）作为结合剂，经半干法压制成型，

加载压力 40MPa，试样尺寸 ϕ 25mm × 5mm。试样经烘箱（105 ± 2）℃除
去自由水分后，移入电阻炉中于 700℃ 保温 20min，分别再升温至
1100℃、1200℃、1250℃、1300℃、1350℃、1400℃，保温 3h 后随炉冷
却至室温得到烧成样品，升温速率固定为 5℃/min。

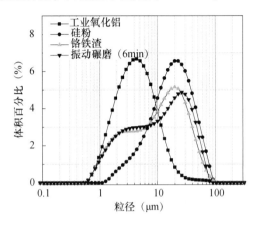

图 4-5　原料粒度分布

表 4-6　原料配比与组成

	S1	S2	S3	S4
铬铁渣	42.71	43.93	46.20	48.35
氧化铝粉	28.17	21.20	22.30	21.45
硅灰	29.12	34.87	31.50	30.20
化学组成（w%）	—	—	—	—
SiO_2	44.09	50.26	47.69	47.15
Al_2O_3	37.52	30.85	32.45	32.08
MgO	11.86	12.20	12.83	13.43
Cr_2O_3	3.15	3.24	3.40	3.56
Fe_2O_3	1.80	1.85	1.95	2.04
CaO	0.67	0.69	0.73	0.76
TiO_2	0.31	0.32	0.33	0.35
MnO	0.10	0.10	0.11	0.11

　　采用真空吸水法测定样品的显气孔率和体积密度，用 Reger 公司生
产的 ReGeR-3010 型万能试验机对样品抗弯强度进行测试，加载速率为
0.5mm/min。样品的热膨胀系数测试采用德国 Netzsch 公司生产的
DIL402PC 型热膨胀仪。用美国 PE 公司的 Spectrum one 型红外光谱仪对
样品进行了红外分析测试。用荷兰 PANalytical 公司 X'Pert PRO 型粉晶 X
射线衍射仪分析制备样品的矿物组成，Cu 靶、K_α 辐射（λ = 0.15418nm），
管电压 40kV，管电流 40mA，镍滤波片滤波，正比探测器，扫描范围

4°~80°，扫描速率 4°/min。通过 X'Pert Plus 软件对 X 射线衍射（XRD）谱进行拟合，用半定量法对各个晶相的含量进行了分析。样品形貌分析采用德国 Zeiss 公司生产的 Ultra 55 场发射扫描电子显微镜，并用配套的电子能谱对样品中的元素组成进行分析。

4.2.2 堇青石的性能测试与分析

1. 堇青石含量

图 4-6 显示了 S1~S4 四组样品从 1100℃ 到 1400℃ 的 XRD 图谱。同一烧成温度下，S1~S4 四组样品的 XRD 衍射图谱变化不大，说明此时四组样品的主要矿物组成是基本一致的。随烧成温度由 1100℃ 增加到 1400℃，同一配比中主要矿物组成变化过程为：1100℃，印度石（indialite，高温型堇青石）开始出现，且衍射峰强度随烧成温度增加而不断增强；1200℃，铁尖晶石（hercynite）和镁橄榄石（forsterite）消失，并出现了林伍德石（ringwood）；1350℃，石英（quartz）、刚玉（corundum）衍射峰随烧成温度增加逐渐减弱、消失，转化为印度石和尖晶石（spinel，[Mg（Al，Cr）O_4]）。从样品 XRD 图谱的局部放大图可以看到，1350℃ 保温 3h 的偏铝样品 S1、偏硅样品 S2 仍然有部分石英（011）晶面的特征衍射峰（2θ = 26.5° 左右），而当烧成温度升高到 1400℃ 时，S1 号样品中开始有莫来石（mullite）相生成。上述测试和分析结果显示，铬铁渣含量在 40%~50% 范围内时，烧成温度是影响样品固相反应过程，特别是堇青石含量的关键因素，合成过程和机理将在下文中详细讨论。

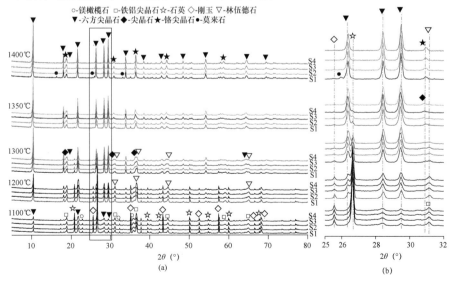

图 4-6　样品 XRD 图谱分析

2. 体积密度与显气孔率

图 4-7 为制备的多孔堇青石陶瓷样品显气孔率的测试结果，可以看到样品的显气孔率随温度和组成不同在 28% ~ 34% 之间变化。根据样品显气孔率随烧成温度增加而出现的变化规律可以推断，利用铬铁渣合成制备多孔堇青石陶瓷存在 3 个阶段：首先，由于铬铁渣中的镁橄榄石固溶体不断分解产生玻璃液相，促使生坯中的部分连通孔封闭，表现为显气孔率逐渐降低；随着烧成温度升高，伴随体系中高价铁氧化物（Fe_2O_3）高温分解产生氧气，大量液相将包裹氧气使样品产生膨胀，导致显气孔率明显增加；伴随温度进一步增加，液相黏度开始降低，其包裹氧气的能力下降，此时样品在液相流动作用下开始致密化，宏观上表现为显气孔率急剧下降。

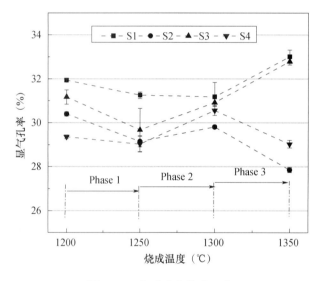

图 4-7　显气孔率与烧成温度

由固相烧结理论可知，SiO_2 在高温体系中有较强的熔制作用，并显著降低液相黏度，而 Al_2O_3 则有抑制熔融和增加液相黏度的作用。因此铬铁渣掺量最低的偏铝组成 S1 各个阶段出现的温度点较高，而铬铁渣掺量最大的偏镁组成 S4 和液相黏度较低的偏硅组成 S2 各个阶段的温度点则较低。多孔堇青石陶瓷样品的体积密度随烧成温度的变化，如图 4-8 所示。可以看到，同一温度下偏铝组成 S1 的体积密度最低，偏硅组成 S2 的体积密度则相对较高，这与上述样品显气孔率的变化结果是呼应的。

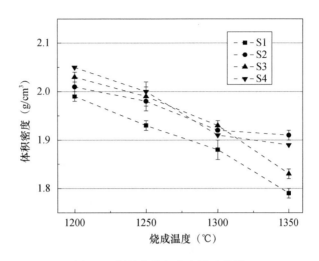

图 4-8　样品的体积密度测试结果

3. 抗弯强度

图 4-9 显示的是多孔董青石陶瓷样品抗弯强度的测试结果，可以看到四组样品抗弯强度均随烧成温度升高而增加；同一温度下不同组成样品的抗弯强度大小关系为：偏镁组成 > 理论组成 > 偏硅组成 > 偏铝组成。这一结果说明适当提高烧成温度和增加铬铁渣掺量有利于提高样品的抗弯强度，主要是由于随铬铁渣配入的镁橄榄石分解产生了较多的液相，较高温度下促使样品致密性改善，更多的董青石生成可显著缓解基体中热应力和热裂纹对机械性能的影响，宏观上表现为铬铁渣董青石陶瓷基体的抗弯强度大幅增加。

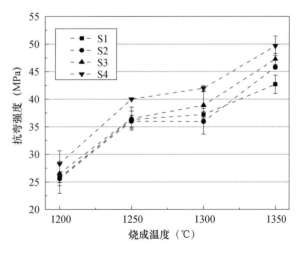

图 4-9　样品抗弯强度测试结果

4. 热膨胀系数

图 4-10 显示的是理论组成（S3 配比）的堇青石陶瓷样品热膨胀系数随烧成温度的变化结果。可以看到，随烧成温度从 1100℃ 到 1350℃，样品的热膨胀系数从 $6.4 \times 10^{-6}/℃$ 降到了 $3.5 \times 10^{-6}/℃$。从图 4-11 可以看到，堇青石的三个特征红外吸收峰（峰位分别为 $672.1 \mathrm{cm}^{-1}$、$619.4 \mathrm{cm}^{-1}$、$576.5 \mathrm{cm}^{-1}$）于 1100℃ 开始出现，并随烧成温度的增加而逐渐增强，到 1400℃ 时部分吸收峰已开始减弱，说明堇青石的晶体结构在此时已开始部分分解，这与 X 射线衍射（XRD）测试结果一致。堇青石晶体结构中 Si/Al 有序度与热膨胀系数反相关，故引入分裂指数 c/a ［堇青石两个相邻红外特征吸收峰 $672.1 \mathrm{cm}^{-1}$（峰高记为 a）和 $619.4 \mathrm{cm}^{-1}$（峰高记为 c）的峰高之比］来讨论热膨胀系数与晶体结构的相互关系，分裂指数随烧成温度的变化结果也显示在图 4-10 中。可以看到，随着烧成温度的升高，分裂指数逐渐增加，说明样品中堇青石晶体的 Si/Al 有序化程度逐渐变大，这和样品热膨胀系数逐渐变小的趋势是对应的，说明通过引入分裂指数可以判断样品中堇青石晶体结构硅铝有序化程度的变化，这一结果与现有文献一致。

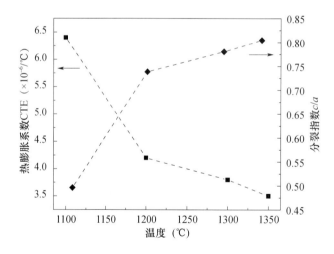

图 4-10 理论组成 S3 样品热膨胀系数和分裂指数测试结果

在烧成温度为 1350℃ 时，对不同组成样品的热膨胀系数进行测试，结果列于表 4-7。由表 4-7 可知，样品热膨胀系数的大小关系为：偏铝组成＞理论组成＞偏镁组成＞偏硅组成。结合四组样品的红外测试结果（图 4-12）可知，四组样品的特征红外吸收峰均较强，通过计算分裂指数 c/a 可以看到，同一温度下，偏镁和偏硅组成样品的分裂指数较高，说明此时样品中堇青石晶体的 Si/Al 有序化程度更好，晶体发育更完善。

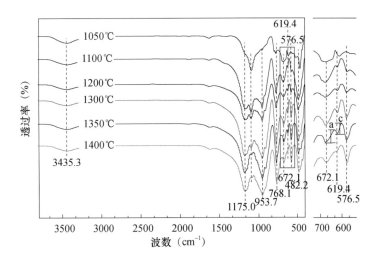

图 4-11 理论组成样品红外测试结果

表 4-7 不同组成样品的热膨胀系数和分裂指数

	S1	S2	S3	S4
c/a	0.7037	0.9107	0.8043	0.9160
CTE（$\times 10^{-6}/℃$）	3.70	3.25	3.50	3.30

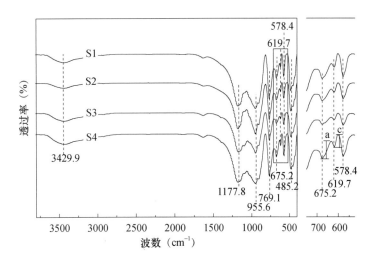

图 4-12 四组样品红外测试结果

4.2.3 微观组成与机理

1. 合成过程

图 4-13 为不同烧成温度与保温时间制备试样的 XRD 图谱。由图 4-13（a）可知，样品于 1100℃ 出现印度石（Indialite，高温型堇青石）的衍射峰，且峰强度随着温度升高而增加。结合半定量分析结果可

知，1350℃，保温 3h 制备的样品中印度石含量最高为 87.1%，而随着烧成温度进一步升高到 1400℃，印度石含量开始减少。样品中镁橄榄石、铁铝尖晶石的衍射峰在 1150℃ 时消失，并开始出现了林伍德石 [Ringwood，$(Mg, Fe)_2SiO_4$] 中间相；石英、刚玉衍射峰也随烧成温度的升高逐渐减弱，并在 1350℃ 时消失，样品在烧成温度 1300℃ 时开始有铁铝尖晶石 [Spinel，$Mg(Fe, Al)_2O_4$] 生成，且随着温度继续升高到 1400℃ 时，铁铝尖晶石开始以铁铝铬氧化物 [$Mg(Al, Cr)_2O_4$] 形式存在。样品的矿物相组成随保温时间的变化有着同样的规律，在 1350℃ 保温 3h 后，石英、刚玉、铁尖晶石相消失，此时样品的矿物组成以印度石和镁铝尖晶石为主，相对含量分别为 87.1% 和 21.9%。

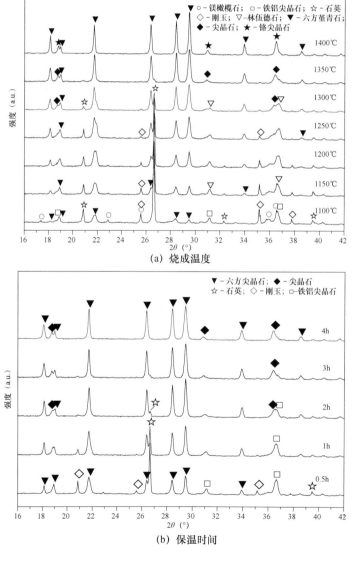

图 4-13　不同烧成温度与保温时间制备样品的 XRD 谱

　　铬铁渣的主要矿物为橄榄石族矿物，通式为 $2RO \cdot SiO_2$，R^{2+} 则主要为 Mg^{2+}（半径为 0.072nm）、Fe^{2+}（半径为 0.078nm）、Mn^{2+}（半径为 0.067nm），由于三者离子半径相近，故具有显著的类质同象现象，可形成连续固溶体。分析可知，试验用铬铁渣中主要为铁镁橄榄石固溶体，该体系中的 FeO 在氧化气氛中加热时，将沿晶界与解理裂纹处析出，随温度持续升高（≥1100℃），FeO 不断析出，并与镁橄榄石形成低共熔物，在镁橄榄石周围形成高铁玻璃，开始强烈重结晶。

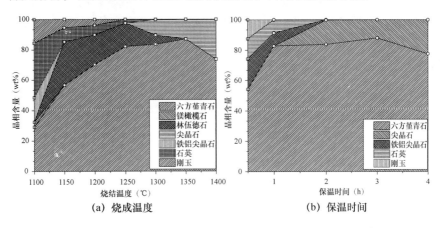

图 4-14　不同烧成温度与保温时间制备样品的 XRD 半定量分析结果

　　由图 4-14 可知，样品中各矿物相相对含量随温度和保温时间的变化规律，一定程度上可反映董青石的形成过程，其主要反应过程简述如下：首先，铬铁渣中铁镁橄榄石在氧化气氛中于 800℃ 开始分解，产生镁橄榄石和非晶质硅以及 Fe_2O_3，在镁橄榄石的高铁玻璃相态重结晶过程中，配料中的铝参与反应生成董青石，此反应过程的结果是体系在 1100℃ 时，已有约 29% 的董青石生成；同时，体系中游离状态的 Fe_2O_3 参与高铁玻璃相的重结晶过程，重新固溶进新生成镁橄榄石晶格中，于 1150℃ 形成林伍德石，随着温度继续升高，配料中的氧化铝、二氧化硅开始与林伍德石发生固（液）相反应，进一步生成董青石。

$$2（Mg，Fe）O \cdot SiO_2 \xrightarrow{800℃} 2MgO \cdot SiO_2 + SiO_2（非晶质）+ Fe_2O_3$$
$$（1）$$

$$2MgO \cdot SiO_2 + 2Al_2O_3 + 4SiO_2（非晶质）\xrightarrow{1100℃} 2MgO \cdot 2Al_2O_3 \cdot 5SiO_2$$
$$（2）$$

$$2MgO \cdot SiO_2 + Fe_2O_3 \xrightarrow{\geqslant 1100℃} MgO \cdot SiO_2 + MgO \cdot Fe_2O_3（固溶体）$$
$$（3）$$

$$(Mg，Fe)_2 \cdot SiO_2 + 2Al_2O_3 + 4SiO_2 \xrightarrow{\geqslant 1150℃} 2MgO \cdot 2Al_2O_3 \cdot 5SiO_2 + Fe_2O_3$$

$$(4)$$

2. 形貌和结构表征

通过对样品 XRD 谱进行全图谱拟合，分析了样品中堇青石晶胞参数随烧成温度的变化，结果如表4-8 所示。可以看出，随着烧成温度的升高，晶胞体积呈显著的增大趋势，其中，晶胞参数整体沿 a 轴方向逐渐增加，沿 c 轴方向减小。与标准卡片（JCPDS 012 – 0235，$a =$ 0.9782nm，$c = 0.9365$nm）相比，样品的晶胞参数（$a = 0.9793$nm，$c = 0.9342$nm）a 轴增加了 0.0011nm，c 轴则减少了 0.0023。已有研究表明，（Mg，Fe）O 体系中的 Fe^{2+} 在高温液相中的溶解和迁移能力极强，同时，Fe^{2+} 的离子半径（0.078nm）和 Cr^{2+} 的离子半径（0.073nm）与 Mg^{2+} 的离子半径（0.072nm）较接近，因此，二者可通过高温液相环境固溶进堇青石晶格，而当离子半径较大的 Fe^{2+}、Cr^{2+} 占据 Mg^{2+} 位置时会导致堇青石相晶胞常数和晶胞体积的增大。

表4-8 样品中堇青石的晶胞参数

温度 （℃）	a （nm）	c （nm）	晶胞体积 （nm³）	α （°）	γ （°）	晶系
1100	0.9674	0.9410	0.7646	90	120	Hexagonal
1150	0.9711	0.9355	0.7625	90	120	Hexagonal
1200	0.9682	0.9374	0.7608	90	120	Hexagonal
1250	0.9751	0.9362	0.7696	90	120	Hexagonal
1300	0.9771	0.9352	0.7725	90	120	Hexagonal
1350	0.9793	0.9342	0.7761	90	120	Hexagonal
1400	0.9790	0.9342	0.7753	90	120	Hexagonal

图 4-15 为不同烧成温度和保温时间制备的样品形貌的电子显微镜（SEM）照片。图 4-15 清晰可见六方柱状的堇青石和多面体状的尖晶石交织生长在一起，堇青石（1350℃，保温 3h）的能谱分析（图 4-16）结果显示，堇青石的元素组成除了 SiO_2、Al_2O_3、MgO 外还固溶进部分 Cr_2O_3，但并未检测到 Fe_2O_3，这很好地验证了前述堇青石晶胞参数的变化。

(a) 1250℃，3h   (b) 1350℃，1h   (c) 1350℃，3h

图 4-15 不同烧成温度和保温时间制备样品的微观形貌

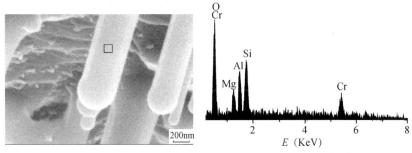

图 4-16 1350℃保温 3h 生成的董青石的 SEM 照片和能谱

4.3 本章小结

以铬铁渣为主要耐火集料和粉料，初步探讨了其用作耐火材料制备浇注料的可行性，考察了不同粒级的单粒级粗集料所制备样品随煅烧温度的升高，其常温力学性能和显气孔率的变化规律；进一步，采用间断粒度堆积理论优化了集料级配，可以看到，集料经优化设计后，样品 110℃烘干后耐压强度和经过 1500℃煅烧后耐压强度均满足《高强度耐火浇注料》（JC/T 498—2013）中 GQ-85 等级的要求，且抗折强度显著优于标准限值，相对于单一粒径集料的耐火浇注料，体积密度提高，显气孔率降低，力学性能也有所提高。同时，经过集料优化的浇注料，工作性能也大幅提高，流动度好，且不离析，不泌水，易于成型。

利用铬铁渣、工业氧化铝粉和二氧化硅微粉为原料，分别以偏铝、偏硅、理论和偏镁四组不同的原料组成合成制备出了多孔董青石陶瓷。样品中董青石于 1100℃开始生成，1400℃以后部分分解，最佳烧成温度为 1350℃。物理性能测试结果显示，偏铝组成样品具有较高的显气孔率和较低的体积密度，但抗弯强度明显降低；偏硅组成具有较低的显气孔率和较高的体积密度，但抗弯强度并不随之提高；偏镁组成适当地降低了样品的显气孔率，提高了样品体积密度，同时抗弯强度显著提升，四组样品中其铬铁渣利用率最高。四组样品中偏硅和偏镁组成的董青石晶体结构发育较好，Si/Al 有序化程度较高，同时样品的热膨胀系数也最低。

对堇青石形成的主要反应过程研究表明，铬铁渣中的铁镁橄榄石固溶体随烧成温度和保温时间的变化不断分解与重结晶，此过程中一方面产生大量液相，另一方面经林伍德石中间相进一步反应生成了堇青石。堇青石形貌和结构分析结果显示，试样中六方柱状的堇青石和多面体状的尖晶石交织生长，晶形发育良好。随着烧成温度升高和保温时间延长，试样相对结晶度降低，堇青石晶粒尺寸则逐渐增加，晶胞参数整体沿 a 轴方向增大，c 轴方向减小，晶胞体积增加。结合样品能谱分析结果可知，铬元素固溶进堇青石晶格是使其晶胞参数变化的主要原因。

附录

附件 1《铬铁冶金渣放射性核素限量-检测报告》（13W03015，共 1 页），出具单位：贵州省工业废弃物综合利用产品检测中心。

附件 2《四川省环境保护厅关于四川乐山鑫河电力综合开发有限公司高碳铬铁合金冶炼废渣综合利用环保意见的复函》（川环函〔2013〕1720 号，共 2 页）。

附件 3《乐山市金口河区人民政府关于推荐使用合金渣骨料的函》（金府函〔2013〕4 号，共 2 页）。

附件 4《四川省大渡河枕头坝一级水电站合金渣作为混凝土骨料的可行性研究-试验成果最终报告》（共 184 页，摘录封面、会签栏），出具单位：贵阳勘测设计研究院有限公司。

附件 5《铬铁渣集料混凝土静水养护浸出检验结果》（黔环监报〔2013〕108 号，共 2 页），出具单位：贵州省环境监测中心站。

附件 6《铬铁渣集料性能测试、混合料级配设计-检测报告》（BG134941，共 9 页），出具单位：四川省交通运输厅公路规划勘察设计研究院道桥试验研究所。

附件 7《水泥稳定碎石基层、底基层配合比设计-检测报告》（BG134977，共 5 页），出具单位：四川省交通运输厅公路规划勘察设计研究院道桥试验研究所。

附件 8《关于库区 S306 线淹没复建公路 I 标段路面结构、土路肩及护面墙局部调整的通知》（ZTB/S306-I 字第 020 号，共 3 页），出具单位：大渡河枕头坝水电站库区 S306 公路复建设计项目部。

附件 9《四川乐山鑫河电力综合开发有限公司高碳铬铁合金渣在枕头坝 S306 线工程中的应用》（共 2 页），出具单位：国电大渡河枕头坝水电建设有限公司。

附件 10《铬铁矿渣在交通道路工程建设中的应用》（共 2 页），出具单位：金口河区交通运输局。

附件 11《四川乐山鑫河电力综合开发有限公司关于铬铁合金渣在建设项目中使用情况的说明》（共 1 页），出具单位：四川乐山鑫河电力综合开发有限公司。

附件 12《铬铁渣骨料在混凝土挡墙和窑炉工程建设中的应用》（共 1 页），出具单位：乐山市金口河吉鑫矿业有限公司。

附件 1 《铬铁冶金渣放射性核素限量-检测报告》（13W03015，共 1 页）

贵州省工业废弃物综合利用产品检测中心

2011240285R　　　检验报告

检验编号：13W03015　　　　　　　　　　　　　　　　　　共 1 页　第 1 页

样品名称	铬铁合金渣	规格型号	/
样品编号	13W03015	检验类别	委托检验
委托单位	中国水电顾问集团贵阳勘测设计研究院	到样日期	2013-3-26
样品状态	完好	样品数量	2kg
检验项目	放射性核素限量	报告日期	2013-3-27
检验依据	参照 GB6566-2010《建筑材料放射性核素限量》		

检验项目		计量单位	技术要求	检验结果	单项结论
放射性核素限量	镭（C_{Ra}）	Bq/kg	/	29.20	符合要求
	钍（C_{Th}）	Bq/kg	/	22.33	
	钾（C_K）	Bq/kg	/	99.76	
	内照射指数 I_{Ra}	/	≤1.0	0.1	
	外照射指数 I_γ	/	≤1.0	0.2	

备注	1. 报告中无中心"检测报告专用章"无效，若报告为多页，无骑缝章无效；
	2. 无批准、审核、编写人签字无效；报告涂改无效；
	3. 若对本报告有异议，请于收到报告之日起 15 日内向检验单位提出，逾期不再受理；
	4. 本报告仅对来样负责。

批准：　　　　　　　审核：　　　　　　　编写：

地址：贵州省贵阳市沙冲南路 13 号　　电话：0851-5793097　5792607　　邮编：550007

备注：检测样品为拌和用合金渣骨料。

附件 2《四川省环境保护厅关于四川乐山鑫河电力综合开发有限公司高碳铬铁合金冶炼废渣综合利用环保意见的复函》（川环函〔2013〕1720 号，共 2 页）

四川省环境保护厅

川环函〔2013〕1720 号

四川省环境保护厅
关于四川乐山鑫河电力综合开发有限公司
高碳铬铁合金冶炼废渣综合利用
环保意见的复函

乐山市环境保护局：

你局报送的《关于转报四川乐山鑫河电力综合开发有限公司高碳铬铁合金冶炼废渣综合利用的请示》（乐市环〔2013〕132 号）收悉。经研究，现复函如下：

高碳铬铁合金冶炼废渣未列入《国家危险废物名录（2008 年）》。同时，乐山鑫河电力综合开发有限公司提供的浸出毒性监测报告表明，该企业冶炼废渣中各类污染物的浸出物浓度均低于《危险废物鉴别标准浸出毒物鉴别》（GB5085.3-2007）标准，故该企业高碳铬铁合金冶炼废渣不属于危险废物。

我厅鼓励企业对产生的固体废物进行综合利用，请你局加强对乐山鑫河电力综合开发有限公司高碳铬铁合金冶炼废渣综合利用的监督和指导，督促企业采取有效措施，不得产生二次污染。

特此复函。

四川省环境保护厅

2013 年 12 月 20 日

附件3《乐山市金口河区人民政府关于推荐使用合金渣骨料的函》（金府函〔2013〕4号，共2页）

乐山市金口河区人民政府

金府函〔2013〕4号

乐山市金口河区人民政府
关于推荐使用合金渣骨料的函

国电大渡河枕头坝水电建设有限公司,国电大渡河沙坪水电建设有限公司:

从2000年开始,四川乐山鑫河电力综合开发有限公司与相关科研院所合作,对合金渣作混凝土骨料的可行性进行研究,经过十多年的艰苦努力,现开发出合金渣混凝土骨料。该材料经西南科技大学、四川能信科技有限公司枕头坝检测中心、中国水利水电第三工程局中心实验室枕头坝工程局试验室、中国水电贵阳设计院试验研究,其物理性能优良,能满足工程相关技术要求,是替代天然砂石的良好材料。2008~2012年,该合金渣骨料在金口河区道路工程、住房建设工程、企业厂房工程中使用,各项指标均检测合格,达到设计要求。

大力应用该材料,不仅能节约15%~20%的工程成本,而且将减少因天然砂石开采带来的土地浪费、水土流失及引发的地质灾害,是一件利国利民之事,特向贵公司推荐使用合金渣骨料。

此函

乐山市南金口河区人民政府

2012年□月 20日

附件4《四川省大渡河枕头坝一级水电站合金渣作为混凝土骨料的可行性研究-试验成果最终报告》（共184页，摘录封面、会签栏），出具单位：贵阳勘测设计研究院有限公司（2015年06月）（原件扫件）

四川省大渡河枕头坝一级水电站

合金渣作为混凝土骨料的可行性研究

试验成果最终报告

贵阳勘测设计研究院有限公司
GUIYANG ENGINEERING CORPORATION

2015年06月

四川省大渡河枕头坝一级水电站

高碳铬铁合金炉渣用作混凝土骨料的可行性研究

成果报告

贵阳勘测设计研究院有限公司
GUIYANG ENGINEERING CORPORATION LIMITED

2015 年 06 月

会 签 栏

核　　定：杨家修

审　　定：曾正宾

审　　查：张细和

校　　核：李　勇

编　　写：杨金娣　　　谭建军

参加人员：杨金娣　　　李　勇　　　谭建军

　　　　　王建琦　　　陈光耀　　　李　倩

会 签 栏

核　　定：　杨忠峰　2015.6.20

审　　定：　沙工言　2015 29/6

审　　查：　鲁伯礼　2015.6.19

校　　核：　李审　2015.6.18

编　　写：杨金娣 2015.6.16　　浑建军 2015.6.16

参加人员：杨金娣　　李审　　　浑建军

　　　　　　王珠娟　　阵光耀　　李倩

附件 5《铬铁渣集料混凝土静水养护浸出检验结果》（黔环监报〔2013〕108 号，共 2 页）

贵州省环境监测中心站检测数据报告单

2012001295U

黔环监报〔2013〕108 号

项目名称	高碳铬铁合金渣				送样日期	2013 年 3 月 18 日		
检测类别	委托检测(仅对来样负责)				报告日期	2013 年 4 月 15 日		
送检单位	四川乐山鑫河电力综合开发有限公司				样品形态	液体、固体		

水样检测方法及检测结果一览表

单位：mg/L（pH 为无量纲）

样品号 检测项目	1 号样	2 号样	3 号样	4 号样	检测分析方法	最低检出限	方法来源	检测仪器
pH	9.32	9.30	7.53	8.32	玻璃电极法	/	GB6920-1986	PHS-3C 酸度计
氟化物	0.270	0.562	0.105	0.205	离子选择电极法	0.05 mg/L	GB7484-1987	PHS-3CpH 计
Mn	0.05L	0.05L	0.05L	0.05L	电感耦合等离子体发射光谱法	0.05 mg/L	GB/T5750.6-2006	7000dv 电感耦合等离子体光谱仪
Cu	0.05L	0.05L	0.05L	0.05L	电感耦合等离子体发射光谱法	0.05 mg/L	GB/T5750.6-2006	7000dv 电感耦合等离子体光谱仪
Zn	0.05L	0.05L	0.16	0.05L	电感耦合等离子体发射光谱法	0.05 mg/L	GB/T5750.6-2006	7000dv 电感耦合等离子体光谱仪
Cr	0.05L	0.05L	0.05L	0.05L	电感耦合等离子体发射光谱法	0.05 mg/L	GB/T5750.6-2006	7000dv 电感耦合等离子体光谱仪
Pb	0.1L	0.1L	0.1L	0.1L	电感耦合等离子体发射光谱法	0.1 mg/L	GB/T5750.6-2006	7000dv 电感耦合等离子体光谱仪
溶解铁	0.11	0.10	0.05L	0.05L	电感耦合等离子体发射光谱法	0.05 mg/L	GB/T5750.6-2006	7000dv 电感耦合等离子体光谱仪
六价铬	0.004L	0.004L	0.004L	0.004L	二苯碳酰二肼比色法	0.004 mg/L	GB7466-87	721 分光光度计
As	23.1	14.8	1.2	9.4	原子荧光分光光度法	0.5μg/L	《水和废水监测分析法》（第四版增补版）	FAS-930n 原子荧光光谱仪
Hg	0.13μg/L	0.41μg/L	0.01Lμg/L	0.03μg/L	原子荧光分光光度法	0.01μg/L	《水和废水监测分析法》（第四版增补版）	FAS-930n 原子荧光光谱仪
总硬度	37.2	102	481	159	EDTA 滴定法	/		50ml 滴定管
溶解性总固体	708	608	410	210	重量法	0.0001g	GbI1901-89	BS210S 电子天平

*注：监测结果如小于最低检出限，填最低检出限再加"L"。

贵州省环境监测中心站

备注：1 号样（90d）—低浓度析出物样品（养护水静置条件）；2 号样（90d）—高浓度析出物样品（养护水上下搅动条件）；3 号样—贵阳自来水；4 号样—枕头坝一级水电站现场大渡河水。

沉淀物浸出液样检测方法及检测结果一览表

样品号 检测项目	1号样	2号样	3号样	检测分析方法	最低检出限	方法来源	检测仪器
Cr	0.05L	0.05L	0.31	电感耦合等离子体发射光谱法	0.05 mg/L	GB/T5750.6-2006	7000dv 电感耦合等离子体光谱仪
Pb	0.1L	0.1L	0.1L	电感耦合等离子体发射光谱法	0.1 mg/L	GB/T5750.6-2006	7000dv 电感耦合等离子体光谱仪
Cd	0.05L	0.05L	0.05L	电感耦合等离子体发射光谱法	0.05 mg/L	GB/T5750.6-2006	7000dv 电感耦合等离子体光谱仪
Hg	0.51μg/L	0.23μg/L	0.18μg/L	原子荧光分光光度法	0.01μg/L	《水和废水监测分析法》(第四版增补版)	FAS-930d 原子荧光光谱仪

*注：监测结果如小于最低检出限，填最低检出限再加"L"。

以下空白

说明	1. 本报告无本站 (MA) 专用章及本站业务专用章无效； 2. 本报告无编制、审核、签发人签名无效； 3. 本报告涂改无效； 4. 复制报告未加盖本站 (MA) 专用章及本站业务专用章无效； 5. 委托单位送样检测仅对来样负责。

编制：　审　核：　　　　　签发：

日期：2013.4.12　日　期：2013.12/4；　日　期：

贵州省环境监测中心站

备注：1号样为混凝土泡水养护90d后析出物的干样；2号样为混凝土泡水养护28d后析出物的干样；3号样为铬铁渣骨料磨细的干粉样。

附件 6《铬铁渣集料性能测试、混合料级配设计-检测报告》
（BG134941，共 9 页）

2011230982P

No: BG134941
交 GJC甲006

检 测 报 告

委托单位： 国电大渡河枕头坝水电建设有限公司

项目名称： 枕头坝一级水电站库区S306线淹没复建公路工程

委托编号： 20133696

检测内容： 集料试验

检测性质： 委托检验

报告批准人：

完成日期： 2013-10-22

四川省交通运输厅公路规划勘察设计研究院
道桥试验研究所

注 意 事 项

一、报告未加盖"试验检测专用章"或检测单位公章无效。

二、复制的报告未重新加盖"试验检测专用章"无效。

三、报告无审核、批准人签字无效。

四、对检测结果若有异议，应于收到报告之日起 15 日内向本所提出。

五、一般情况下，委托试验结果仅对所检样品有效。

六、本所报告不得用于商业广告，否则本所保留依法追究责任的权利。

四川省交通运输厅公路规划勘察设计研究院道桥试验研究所

资质等级：公路工程综合甲级
证书编号：交GJC甲006
发证日期：二〇一二年八月七日
发证机关：交通运输部工程质量监督局

资质等级：公路工程桥梁隧道工程专项
证书编号：交GJC桥059
发证日期：二〇一二年八月七日
发证机关：交通运输部工程质量监督局

地址：四川成都温江凤溪大道南段 89 号　邮编：611130

电话：028-82766591（报告查询）　　028-82766522（材试）

　　　028-82766506（路面）　　　　028-82766505（桥隧）

传真：028-82767743（温江本部），028-85527138（成都办公区）

Email:daoqiaosuo@126.com

四川省交通运输厅公路规划勘察设计研究院道桥试验研究所
细集料筛分试验（水洗法）报告

报告序号：JL131102

委托单位	国电大渡河枕头坝水电建设有限公司	委托编号	20133696
工程名称	枕头坝一级水电站库区S306线淹没复建公路工程	试验依据	JTG E42-2005
样品名称	砂（规格 D等级 4.75mm）	样品编号	YP136072
样品用途	公路基层与底基层	试验日期	2013-10-18
环境温度	温度：20 湿度：61 %	报告日期	2013-10-21

集料用途	/	级配类型				$P_{0.075}$ (%)	8.5

筛孔孔径(mm)	分计筛余量(g)	分计筛余率(%)	累计筛余率(%)	通过百分率(%)	上限(%)	下限(%)
4.75	2.6	0.4	0.4	99.6	/	/
2.36	102.5	18.9	19.4	80.6	/	/
1.18	124.5	23.0	42.4	57.6	/	/
0.6	69.9	12.9	55.3	44.7	/	/
0.3	105.7	19.6	74.8	25.2	/	/
0.15	42.8	8.0	82.8	17.2	/	/
0.075	46.5	8.6	91.4	8.6	/	/
0	17.0	0.0	100.0	0.0	/	/
			以下空白			

细度模数	2.80	砂的定名	中砂

细集料筛分曲线图

结论	以下空白	说明	产地：鑫河公司 取样地点：鑫河公司集料场

设备信息	天平：2-24-4

试验：　　复核：　　审核：　　共 7 页第 1 页

四川省交通运输厅公路规划勘察设计研究院道桥试验研究所
细集料试验报告

报告序号：JL131106

委托单位	国电大渡河枕头坝水电建设有限公司	委托编号	20133696
工程名称	枕头坝一级水电站库区S306线淹没复建公路工程	试验依据	JTG E42-2005
样品名称	砂 (0-4.75mm)	样品编号	YP136072
样品用途	公路基层与底基层	试验日期	2013-10-18
环境温度	温度：20℃ 湿度：60%	报告日期	2013-10-22

指 标	测试值	技术要求	分项评定
表观相对密度	3.130	/	/
表观密度(g/cm³)	3.124	/	/
吸水率(%)	/	/	/
堆积密度(g/cm³)	/	/	/
紧装密度(g/cm³)	/	/	/
堆积空隙率(%)	/	/	/
紧装空隙率(%)	/	/	/
含水率(%)	/	/	/
含泥量(%)	/	/	/
泥块含量(%)	/	/	/
砂当量(%)	86	/	/
有机质含量	/	/	/
云母含量(%)	/	/	/
轻物质含量(%)	/	/	/
膨胀率(%)	/	/	/
坚固性(%)	/	/	/
SO₃含量(%)	/	/	/
渗透系数(cm/s)	/	/	/

结论	以下空白	说明	产地：鑫河公司 取样地点：鑫河公司集料场

设备信息	天平：2-24-4 天平：2-24-3 浸水天平2-24-2 砂当量试验仪7-13

试验：　　　　　复核：　　　　审核：　　　　　共 7 页第 2 页

四川省交通运输厅公路规划勘察设计研究院道桥试验研究所
粗集料筛分试验（水洗法）报告

报告序号：JL131103

委托单位	国电大渡河枕头坝...	委托编号	20133696
工程名称	枕头坝一级水电站库区S306线淹没复建公路工程	试验依据	JTG E42-2005
样品名称	粗集料（规格：4.75～9.5mm）	样品编号	YP136073
样品用途	公路基层... 交GJC中006	试验日期 059	2013-10-18
环境温度	温度：20℃ 湿度：60	报告日期	2013-10-21

集料用途	路面基层材料	级配类型			P0.075 (%)	2.6

筛孔孔径 (mm)	分计筛余 (%)	累计筛余 (%)	通过百分率 (%)	规范要求 下限	规范要求 上限
16	0.0	0.0	100.0	/	/
13.2	1.2	1.2	98.8	/	/
9.5	10.8	12.0	88.0	/	/
4.75	61.2	73.2	26.8	/	/
2.36	22.2	95.4	4.6	/	/
1.18	0.2	95.7	4.3	/	/
0.6	0.0	95.7	4.3	/	/
0.3	0.2	95.9	4.1	/	/
0.15	0.3	96.2	3.8	/	/
0.075	1.2	97.4	2.6	/	/
0	0.0	100.0	0.0	/	/
以下空白					

集料筛分曲线图

—— 集料筛分曲线　··· 上限曲线　-·- 下限曲线　—— 最大密度线

结论	以下空白	说明	产地：鑫河公司 取样地点：鑫河公司集料场

设备信息	天平：2-24-4

试验　　　　复核　　　　审核　　　　共 7 页第 3 页

四川省交通运输厅公路规划勘察设计研究院道桥试验研究所
粗集料筛分试验（水洗法）报告

报告序号：JL131104

委托单位	国电大渡河枕头坝水电建设有限公司	委托编号	20133696
工程名称	枕头坝一级水电站库区S306线淹没复建公路工程		JTG E42-2005
样品名称	粗集料(规格名称等级9.5mm工程综合甲级)		YP136074
样品用途	公路基层与底基层	试验日期	2013-10-18
环境温度	温度：20℃；湿度：60%	报告日期	2013-10-21

集料用途	路面基层材料	级配类型				$P_{0.075}$(%)	0.6	
筛孔孔径 (mm)	分计筛余 (%)	累计筛余 (%)	通过百分率 (%)	规范要求				
				下限		上限		
19	0.0	0.0	100.0	/		/		
16	4.8	4.8	95.2	/		/		
13.2	24.8	29.7	70.3	/		/		
9.5	43.0	72.7	27.3	/		/		
4.75	26.2	98.8	1.2	/		/		
2.36	0.5	99.4	0.7	/		/		
1.18	0.0	99.4	0.7	/		/		
0.6	0.0	99.4	0.7	/		/		
0.3	0.0	99.4	0.7	/		/		
0.15	0.0	99.4	0.7	/		/		
0.075	0.1	99.4	0.5	/		/		
0	0.0	100.0	0.0	/		/		
		以下空白						

集料筛分曲线图

—— 集料筛分曲线　···· 上限曲线　—— 下限曲线　······ 最大密度线

纵轴：通过百分率(%)　横轴：筛孔尺寸(mm)

结论	以下空白	说明	产地：鑫河公司 取样地点：鑫河公司集料场
设备信息	天平：2-24-4		

试验：　　　　复核：　　　　审核：　　　　共 7 页第 4 页

四川省交通运输厅公路规划勘察设计研究院道桥试验研究所
粗集料（路面基层、底基层用）试验报告

报告序号：JL131107

委托单位	国电大渡河枕头坝水电站建设有限公司	委托编号	20133696
工程名称	枕头坝一级水电站库区S306线淹没复建公路工程 专项	试验依据	JTG E42-2005
样品名称	粗集料（规格）	样品编号	YP136074
样品用途	公路基层与底基层	试验日期	2013-10-18
环境温度	温度：20 ℃ 湿度：60 %	报告日期	2013-10-22

指 标	测试值	技术要求	分项评定
表观密度(kg/m³)	/	/	/
含泥量(%)	/	/	/
液限(%)	/	/	/
塑性指数	/	/	/
针片状颗粒含量(%)	/	/	/
压碎值(%)	22.8	/	/
吸水率(%)	/	/	/

集料筛分试验结果及图形

孔径(mm)	通过百分率(%)	规范要求	孔径(mm)	通过百分率(%)	规范要求
19	100.0	/ ～ /	0.15	0.7	/ ～ /
16	95.2	/ ～ /	0.075	0.5	/ ～ /
13.2	70.3	/ ～ /	0	0.0	/ ～ /
9.5	27.3				
4.75	1.2				
2.36	0.7				
1.18	0.7		/ ～ /		
0.6	0.7		/ ～ /		
0.3	0.7		/ ～ /		

结论		说明	产地：鑫河公司 取样地点：鑫河公司集料场
设备信息	天平：2-24-4 压力机 1-25		

试验：　　　复核：　　　审核：　　　共 7 页第 5 页

四川省交通运输厅公路规划勘察设计研究院道桥试验研究所
粗集料筛分试验（水洗法）报告

报告序号：JL131105

委托单位	国电大渡河枕头坝水电建设有限公司	委托编号	20133696
工程名称	枕头坝一级水电站库区S306线淹没复建公路工程	试验依据	JTG E42-2005
样品名称	粗集料（规格：）	样品编号	YP136075
样品用途	公路基层垫底集料	试验日期	2013-10-18
环境温度	温度：20℃	报告日期	2013-10-21

集料用途		级配类型		P0.075(%)	0.6

筛孔孔径(mm)	分计筛余(%)	累计筛余(%)	通过百分率(%)	规范要求 下限	规范要求 上限
37.5	0.0	0.0	100.0	/	/
31.5	0.4	0.4	99.6	/	/
26.5	6.7	7.0	93.0	/	/
19	68.8	75.8	24.2	/	/
16	20.2	96.0	4.0	/	/
13.2	2.7	98.7	1.3	/	/
9.5	0.4	99.2	0.8	/	/
4.75	0.0	99.2	0.8	/	/
2.36	0.0	99.2	0.8	/	/
1.18	0.0	99.2	0.8	/	/
0.6	0.0	99.2	0.8	/	/
0.3	0.1	99.4	0.7	/	/
0.15	0.0	99.4	0.6	/	/
0.075	0.1	99.5	0.5	/	/
0	0.0	100.0	0.0	/	/

以下空白

集料筛分曲线图

结论	以下空白	说明	产地：鑫河公司 取样地点：鑫河公司集料场

设备信息：天平：2-24-4

试验： 复核： 审核： 共7页第6页

142

四川省交通运输厅公路规划勘察设计研究院道桥试验研究所
矿质混合料级配设计报告

报告序号：PB130171

委托单位	国电大渡河枕头坝水电建设有限公司	委托编号	20133696
工程名称	枕头坝一级水电站库区S306线淹没复建公路工程	试验依据	JTJ 034-2000
样品名称	0-4.75mm,4.75-9.5mm,9.5-19mm,19-37.5mm	样品编号	YP136072~YP136075
样品用途	公路基层与底基层	试验日期	2013-10-22
环境温度	温度：20℃ 湿度：60	报告日期	2013-10-22

混合料用途		路面基层材料		规定级配名称		水泥稳定土底基层2号级配(高速公路和一级公路)								
矿料名称	掺配率(%)	通过下列筛孔的百分率(%)												
		37.5	31.5	19	9.5	4.75	2.36	0.6	0.075	底	/	/	/	/	/	/
0-4.75	30.0	100.0	100.0	100.0	100.0	99.6	80.6	44.7	8.6	/	/	/	/	/	/	/
4.75-9.5	30.0	100.0	100.0	100.0	88.0	26.8	4.6	4.3	2.6	/	/	/	/	/	/	/
9.5-19	20.0	100.0	100.0	100.0	27.3	1.2	0.7	0.7	0.5	/	/	/	/	/	/	/
19-37.5	20.0	100.0	99.6	24.2	0.8	0.8	0.8	0.8	0.5	/	/	/	/	/	/	/
		以下空白												
合成级配(%)		100.	99.9	84.8	62.0	38.3	25.9	15.0	3.6	/	/	/	/	/	/	/
设计级配范围(%)		100~100	100~90	90~67	68~45	50~29	38~18	22~8	7~0	/	/	/	/	/	/	/
中值(%)		100	95	78	56	40	28	15	4	/	/	/	/	/	/	/

结论	合成级配满足委托方提供的技术要求。	说明	产地：鑫河公司 取样地点：鑫河公司集料场 技术要求由委托方提供。
设备信息	以下空白		

试验：　　　复核：徐敏　　审核：　　　共 7 页第 7 页

附件 7《水泥稳定碎石基层、底基层配合比设计-检测报告》
（BG134977，共5页）

2011230982P

No: B0134977
交GJC甲006

检 测 报 告

（印章：四川省交通运输厅公路规划勘察设计研究院道桥试验研究所 检测报告专用章 资质等级：公路工程甲级 公路工程隧道工程专项 证书编号：交GJC甲006 交CJC桥059 发证机构：交通运输部工程质量监督局）

委托单位：　　国电大渡河枕头坝水电建设有限公司

项目名称：　　枕头坝一级水电站库区S306线淹没复建公路工程

委托编号：　　20133696

检测内容：　　水泥稳定碎石基层及底基层配合比设计

检测性质：　　委托检验

报告批准人：　　李芬姓

完成日期：　　2013-11-01

四川省交通运输厅公路规划勘察设计研究院
道桥试验研究所

注 意 事 项

一、报告未加盖"试验检测专用章"或检测单位公章无效。

二、复制的报告未重新加盖"试验检测专用章"无效。

三、报告无审核、批准人签字无效。

四、对检测结果若有异议，应于收到报告之日起15日内向本所提出。

五、一般情况下，委托试验结果仅对所检样品有效。

六、本所报告不得用于商业广告，否则本所保留依法追究责任的权利。

四川省交通运输厅公路规划勘察设计研究院道桥试验研究所

资质等级：公路工程综合甲级
证书编号：交GJC甲006
发证日期：二〇一二年八月七日
发证机关：交通运输部工程质量监督局

资质等级：公路工程桥梁隧道工程专项
证书编号：交GJC桥059
发证日期：二〇一二年八月七日
发证机关：交通运输部工程质量监督局

地址：四川成都温江凤溪大道南段89号　邮编：611130

电话：028-82766591（报告查询）　　028-82766522（材试）

028-82766506（路面）　　　　028-82766505（桥隧）

传真：028-82767743（温江本部），028-85527138（成都办公区）

Email:daoqiaosuo@126.com

报告名称： 水泥稳定碎石底基层、基层配合比设计

试验编号： 20133696

委托单位： 国电大渡河枕头坝水电建设有限公司

工程名称： 枕头坝一级水电站库区S306线淹没复建公路

试验单位： 四川省交通运输厅公路规划勘察设计研究院道桥试验研究所

依据标准： JTJ 034－2000；JTG E51－2009

报告编写：

报告复核：

报告审核：

报告批准：

四川省交通运输厅公路规划勘察设计研究院道桥试验研究所
检 测 报 告 专 用 章
资质等级：公路工程综合甲级　公路工程桥梁隧道工程专项
证书编号： 交GJC甲006　　交GJC桥059
交通运输部工程质量监督局

一、原材料的筛分试验与合成级配计算

1、材料产地及描述

水泥　　　P·C　32.5　　　　　　　　　　　　取样地点：鑫河公司集料场

1#矿渣：　　粒径：0-4.75mm　产地：鑫河公司　　取样地点：鑫河公司集料场

2#矿渣：　　粒径：4.75-9.5mm　产地：鑫河公司　取样地点：鑫河公司集料场

3#矿渣：　　粒径：9.5-19mm　产地：鑫河公司　　取样地点：鑫河公司集料场

4#矿渣：　　粒径：19-37.5mm　产地：鑫河公司　取样地点：鑫河公司集料场

2、集料筛分试验结果

方孔筛孔径 (mm)		37.5	31.5	19	9.5	4.75	2.36	0.6	0.075
通过百分率 (%)	1#矿渣 (0-4.75mm)	100.0	100.0	100.0	100.0	99.6	80.6	44.7	8.6
	2#矿渣 (4.75-9.5mm)	100.0	100.0	100.0	88.0	26.8	4.6	4.3	2.6
	3#矿渣 (9.5-19mm)	100.0	100.0	100.0	27.3	1.2	0.7	0.7	0.5
	4#矿渣 (19-37.5mm)	100.0	99.6	24.2	0.8	0.8	0.8	0.8	0.5

3、矿料级配设计结果

按委托方要求矿料级配范围采用 JTJ 034-2000 表3.2.2中的2号级配,设计掺配比例为：1#矿渣（0~4.75mm）：2#矿渣（4.75~9.5mm）:3#矿渣（9.5~19mm）:4#矿渣（19~37.5mm）＝30%：30%：20%：20%，合成级配见下表：

方孔筛孔径 (mm)		37.5	31.5	19	9.5	4.75	2.36	0.6	0.075
通过百分率 (%)	合成材料	100.0	99.9	84.8	62.0	38.3	25.9	15.0	3.6
	技术要求	100	100	90	68	50	38	22	7
		∣	∣	∣	∣	∣	∣	∣	∣
		100	90	67	45	29	18	8	0

结论：采用以上掺配比例，合成材料级配满足委托方提供的技术要求。

共 2 页 第 1 页

试验：　　　复核：　　　审核：李蓉娟

147

二、 水泥稳定碎石基层、底基层配合比设计

委托方要求：

四川省交通运输厅公路规划勘察设计研究院道桥试验研究所
检测报告专用章
JC桥 059
交通运输部工程质量监督局

1. 基层与底基层配合比质量等级：公路工程按所采用的公路等级配要求；
2. 采用重型击实法求取最大干密度及最佳含水量；
3. 成型采用静压法，制件压实度为98%。

选定配合比的各项检测结果

路面类型	水泥稳定碎石基层、底基层			
设计强度R（MPa）	≥2.8			
保证率系数Za	1.282（二级公路）			
水泥掺量（%）	3.0	4.5	5.0	5.5
最大干密度ρ_{dmax}（g/cm³）	2.321	2.320	2.321	2.321
最佳含水量ω_0（%）	5.4	5.5	5.5	5.5
抗压强度平均值Rc（MPa）	1.7	2.5	3.5	5.9
均方差S（MPa）	0.23	0.31	0.38	0.42
偏差系数Cv（%）	13.3	12.4	10.7	7.1
Rb／（1-Za×Cv）（MPa）	3.4	3.3	3.3	3.1
Rc-Za×S（MPa）	1.4	2.1	3.1	5.4
制件压实度K（%）	98.1	98.1	98.2	98.0

三、 推荐配合比

水泥掺量：	5.0 %
最大干密度ρ_{dmax}：	2.321 g/cm³
最佳含水量ω_0：	5.5 %
抗压强度平均值Rc：	3.5 MPa
均方差S：	0.38 MPa
偏差系数Cv：	10.7 %
Rb／（1-Za×Cv）：	3.3 MPa
Rc-Za×S：	3.1 MPa

共 2 页 第 2 页

试验： 复核： 审核：李荭雄

附件8《关于库区 S306 线淹没复建公路 I 标段路面结构、土路肩及护面墙局部调整的通知》（ZTB/S306-I 字第 020 号，共 3 页）

中国水电顾问集团贵阳勘测设计研究院

工程设计通知书

（2013）   ZTB/S306-I 字第 020 号

关于库区 S306 线淹没复建公路 I 标段路面结构、土路肩及护面墙局部调整的通知

国电大渡河枕头坝水电建设有限公司：

2013 年 4 月我院收到贵公司关于"转发乐山市金口河区人民政府《关于推荐使用合金渣骨料的函》"（国电大枕函〔2013〕26 号），函件中要求我院在确保库区 S306 线淹没复建公路工程质量的前提下，研究铬铁合金渣骨料用于公路垫层部位的可行性。

根据函件精神，我院进行了认真研究，结合我院试验研究后编制的《合金渣混凝土原材料及配合比试验研究成果报告》（受业主委托我院工程科研院对该合金渣骨料专门进行了试验分析），研究了铬铁合金渣骨料的技术、环保等指标，判定该铬铁合金渣骨料用于公路基层及垫层可以满足设计要求；同时铬铁合金渣骨料作为一种新材料，在价格方面也有较大优势，作为当地的一种废弃矿渣，可以起到变废为宝的作用。

根据研究结果，结合四川省交通运输厅施工图设计的批复意见、目前 S306 的现场进度情况、粗细骨料实际供应情况及参建四方意见，拟对 I 标段路面结构型式进行进一步明确，其主要调整内容如下：

1. 对原 S306 线复建公路施工图纸中的水稳层进行了调整，将路面结构层中的"25cm厚 5%水泥稳定碎石基层+20cm 厚 3%水泥稳定碎石底基层"调整为"25cm 厚 5%水泥稳定铬铁合金矿渣基层+25cm 厚 5%水泥稳定铬铁合金渣底基层"；沥青混凝土面层材料及厚度保持不变；同时对路基路面部分说明书重新进行了补充完善（详见附件1）。

2. 为更好地保证施工质量、推进工期，将两侧土路肩硬化下方的水泥稳定碎石基层（10cm厚）和底基层（25cm 厚）统一调整为 M7.5 浆砌片石或 C15 片石混凝土施工，其中右侧土路肩下方基层及底基层统一调整为 M7.5 浆砌片石，并可与路基内侧边沟一同整体施工；左侧土路肩硬化下方的基层及底基层除了 K1+588～K1+890（砂场干砌片石段）、K2+571～K2+630、K2+750～K3+160（坟场干砌片石段）、K5+946～K6+023 及 K6+540～K6+940（永乐电站段），按照 C15 片石混凝土施工外，其余全部调整为 M7.5 浆砌片石；同时取消沿线挖方路基左侧边沟，将边沟取消的位置（50cm 宽）浇筑 C15 片石混凝土，便于安装波形护栏。

另外：根据现场实际地形地质条件，对 I 标段内侧护面墙进行了局部调整，具体如下：

1. 护面墙取消

K2+730~K2+890 段、K3+670~K3+760 段位于庄子上座落体前缘,地表覆盖层广布,厚 10~30m,为崩坡积块、碎石和黏土及冲积砂卵砾石,施工图设计有护面墙,但当地村民从 2013 年 4 月至今一直在对路基内侧边坡进行掏挖并运往上游,我院也针对相关问题向贵公司发地质预报单提醒,但多方协调无果,导致该桩号段内侧护面墙无法按原设计施工,因此拟取消 K2+730~K2+890 及 K3+670~K3+760 桩号段护面墙。

2. 护面墙高度调整

S306 线复建公路 K2+890~K3+020 段属庄子上座落堆积体,路基内侧边坡堆积体较松散,为确保汛期及后期运行安全,施工图阶段均设计了护面墙(K2+890~K2+930 段护面墙高度为 4.5m,K2+930~K3+020 段护面墙高度为 6.5~10.3m 不等)。

根据现场实际地形地质条件及开挖揭示,结合四方意见,对该段护面墙高度做如下调整:将 K2+930~K3+020 段护面墙高度由原设计 6.5~10.3m 统一调整为 4.5m 高。

3. 增设护面墙

K2+360~K2+440 段位于庄子上座落体前缘,地表覆盖层广布,厚 10~30m,为崩坡积块、碎石和黏土及冲积砂卵砾石;K3+420~K3+460 段为土质边坡且正上方为宝水溪电站复建索桥拉锚基础;K3+510~K3+630 段为土质边坡,坡面松散,K3+780~K3+826 段经边坡开挖后为砂卵砾石夹层,坡面松散,为保证上述边坡稳定,对上述四段边坡增设护面墙。其具体参数为:K2+360~K2+440 段护面墙设计参数为墙高 4.5m,厚 1.1m;;K3+420~K3+460 段护面墙设计参数为墙高 2.5m,厚 0.8m;K3+510~K3+630 段护面墙设计参数为墙高 2.5m,厚 0.8m;K3+780~K3+826 段护面墙设计参数为墙高 4.5m,厚 1.1m。

护面墙施工注意事项:

1. 挡墙施工及上边坡开挖过程中应及时做好防、排水措施。

2. 挡墙基础及边坡严禁进行大开大挖,边坡稳定性较差路段应分段跳槽开挖施工。

3. 护面墙施工时根据实际地形与上下游护面墙顺接,确保线形美观,同时护面墙位置及线形按照内侧边坡实际地形紧贴边坡进行施工,边沟仍按原设计线形施工。

4. 施工过程中注意采取适当的安全防护措施,保障相关人员、设备等的安全。

5. 挡墙泄水孔、伸缩缝设置及材料粒径等其他未尽事宜,严格按照施工图纸(S3-18-2)和相关规程规范要求执行。

主要工程量变化如下:

项　目	工程量		工程量变化	备　注
	施工图	调整后		
5%水泥稳定基层（25cm）（m²）	0	32793.5	+32793.5	矿渣
5%水泥稳定底基层（25cm）（m²）	0	32793.5	+32793.5	
5%水泥稳定基层（25cm）（m²）	39253	0	-39253	碎石
3%水泥稳定底基层（20cm）（m²）	39253	0	-39253	
M7.5浆砌片石 路肩（m³）	1277.44	3559.19	+2281.75	
M7.5浆砌片石边沟、排水沟（m）	5633	4593	-1040	
M7.5浆砌片石护面墙（m³）	4137	2917	-1220	
C15片石 混凝土 路肩（m³）	0	144.75	144.75	
4cm细粒式沥青混凝土AC-13C(m²)	32440	32793.5	-353.5	
6cm中粒式沥青混凝土AC-20C(m²)	32440	32793.5	-353.5	
封层（0.9L/m²，厚0.6cm）（m²）	32440	32793.5	-353.5	
透层（1.1L/m²）（m²）	39253	32793.5	+540.5	
粘层（1.1L/m²）（m²）	39253	32793.5	+540.5	

工程量均以实际发生并经监理工程师确认为准。

本通知涉及以下设计文件变动更改，请对原设计文件进行标识：S3-1、S3 20、S3-21-1、S3-22 段与路面结构及工程量相关的图纸	大渡河□□□□水电站枢纽区 S306 公路复建□□项目部（签章） 2013 年 08 月 27 日 S306公路复建设计
拟稿　陈志峰　　校审　张丙文	签发　项目□□

151

附件 9《四川乐山鑫河电力综合开发有限公司高碳铬铁合金渣在枕头坝 S306 线工程中的应用》（共 2 页），出具单位：国电大渡河枕头坝水电建设有限公司

四川乐山鑫河电力综合开发有限公司
高碳铬铁合金渣在枕头坝S306线工程中的应用

一、工程概况

S306 线淹没复建公路工程起点段 K1+220，终点段 K7+400，其中桥梁工程 1587.5m，其余 4592.5m 均为路基及涵洞工程。本工程全线采用双车道二级公路标准建设，路基宽 8.5m、路面宽 7m，路面结构采用 6cm 细粒式沥青混凝土 SMA-13+6cm 中粒式沥青混凝土 AC-20C 面层+25cm5％水泥稳定矿渣基层+25cm5％水泥稳定矿渣底基层，路面总厚 62cm。

二、材料简介

高碳铬铁合金矿渣在枕头坝一级水电站库区 S306 线淹没复建公路水泥稳定层施工前，由中国水利顾问集团贵阳勘测设计研究院、西南科技大学技术开发中心、四川省道路桥梁勘测设计研究所、乐山市交委中心实验室、中国水利水电第三工程局中心实验室、四川能信科技有限公司对高碳铬铁合金矿渣进行了相关研究与试验。出具了相应的试验检测报告。

三、工程施工

3.1 施工配合比

水泥 4.5%，铬铁合金矿渣石硝 40%，铬铁合金矿渣碎石（5～16mm）30%、铬铁合金矿渣碎石（16～31.5mm）30%。最优含水率 5.2%。最大干密度 2.21g/cm³。

3.2 试验段施工

试验段选址于 K1+960～K2+360，共计 400m。铬铁合金矿渣水泥稳定土按照以上配合比经冷拌站拌和，现场由摊铺机摊铺，18t 光轮压路机碾压。

通过试验段所采集的数据，得出铬铁合金矿渣水泥稳定土现场施工松铺系数为 1.28。碾压工艺为：静碾 1 遍—强振碾压 4 遍—静碾 1 遍（底基层），静碾 1 遍—强振碾压 5 遍—静碾 1 遍（基层）。经 7 天薄膜覆盖养生，钻芯芯样完整，水泥稳定层整体性良好。试验段弯沉代表值为 19.8mm^{-2}，满足设计要求。

3.3 水泥稳定层施工

铬铁合金矿渣水泥稳定土大面积施工灰剂量滴定范围为 4.8%～5.2%，碾压工艺按上述工艺均能满足压实度要求。现场取合金矿渣水泥稳定土，静压法成型无侧限抗压强度试件，抗压强度值在 2.9～3.4MPa 之间。7 天薄膜覆盖养生，钻芯芯样完整，水泥稳定层整体性良好。全工区未发现龟裂，各结构层弯沉代表值均小

于设计要求值。

四、结论

截至今日，铺筑铬铁合金矿渣水泥稳定土共计约 70000m³， 铺筑铬铁合金矿渣水泥稳定土铺筑质量良好。

铬铁合金矿渣在公路路面水稳结构层的应用，不但节约了工程总造价，变废为宝，还为当地解决了环保问题。

施工单位：葛洲坝集团第一工程有限公司枕头坝电站

        S306 线复建公路施工项目部

                                        2014 年 03 月 08 日

监理单位：成都久久公路工程监理有限公司

                                        2014 年 03 月 08 日

建设单位：国电大渡河枕头坝水电建设有限公司

                                        2014 年 03 月 08 日

附件 10《铬铁矿渣在交通道路工程建设中的应用》（共 2 页），出具单位：金口河区交通运输局

铬铁矿渣在交通道路工程建设中的应用

一、材料简介

高碳铬铁合金矿渣 2009 年至今分别在西南科技大学和乐山市公路工程试验检测中心等相关试验检测机构进行了研究与试验。检测结果表明此材料无毒、无害，能广泛用于工程建设中。

二、县、乡道建设中的应用

2010 年 7 ~ 10 月，在我区三角石工业集中区道路建设中应用，全长 2.5 公里，路基宽度 6.5 米，路面宽度 5.5 米，路面结构层：20cm 厚水泥稳定碎石底基层+20cm 厚水泥稳定碎石基层+5cm 沥青面层，其中基层和底基层都采用的是铬铁矿渣，水稳层施工配合比采用的是 4.5%水泥用量。

2010 年 11 ~ 12 月，在乡道和共路路面大中修（老街段）建设中应用，全长 1.0 公里，路基宽度 6.5 米，路面宽度 6.0 米，路面结构层：20cm 厚碎石底基层+20cm 厚水泥稳定碎石基层+5cm 沥青面层（AC-13），其中水稳基层和沥青面层都是采用的铬铁矿渣。

2011 年 12 月-2012 年 2 月，在我区三角石工业集中区二期道路建设中应用，全长 0.6 公里，路基宽度 6.5 米，路面宽度 5.5 米，路面结构层：级配砂砾垫层厚 20cm+ 水泥稳定碎石基层厚 25cm+ 水泥混凝土面层厚 26cm ，其中水稳碎

石基层和水泥混凝土面层都是采用的铬铁矿渣，水稳基层采用的是4.5%的水泥用量，水泥混凝土路面抗折强度4.5MPa，采用的是362kg水泥。

三、村道上的应用

2008年用于灯塔村通村水泥路，全长5.0公里，路面宽度3.5米，水泥混凝土路面结构层厚度18cm，设计抗折强度4.5MPa。

2012年以来主要用于蒲梯村、解放村、新乐村、五星村通村水泥路建设，全长22公里，路基宽度4.5米，路面宽度3.5米，路面厚度18cm，设计抗折强度4.5MPa。

四、结论

截至今日，铺筑铬铁合金矿渣水泥稳定土共计7525m³。铺筑铬铁合金矿渣混凝土路面共计2676m³，铺筑铬铁合金矿渣沥青混凝土路面共计325m³，全部达到设计和规范要求，质量合格。

铬铁合金矿渣在公路路面水稳结构层的应用，不但节约了工程总造价，变废为宝，还为当地解决了环保问题。

金口河区交通运输局

2014年6月10日

附件11《四川乐山鑫河电力综合开发有限公司关于铬铁合金渣在建设项目中使用情况的说明》（共1页），出具单位：四川乐山鑫河电力综合开发有限公司

四川乐山鑫河电力综合开发有限公司
关于铬铁合金渣在建设项目中使用情况的说明

近年来，我公司在各项建设工程中使用了高碳铬铁合金渣30万吨左右作为建筑材料，不仅降低了建设成本，而且工程质量同样也得到了有效保障。

2014年，在我公司第一期扩建工程中使用以后，效果良好，工程质量经检测符合设计要求。同年在我公司4×35000kV·A矿热炉及余热发电项目建设中全部使用，在该项目建设高达40米左右的混凝土堡坎上全部使用，建成后，经检测符合设计质量要求。

2015年，在我公司集料厂办公综合楼建设项目中全部使用，效果良好，经检测符合设计质量要求。

高碳铬铁合金渣在我公司各项建设项目中使用以来，不仅为企业减少了建设项目投资成本，而且是一种优质的建筑材料。

专此说明

2018年12月26日

附件 12《铬铁渣骨料在混凝土挡墙和窑炉工程建设中的应用》（共1 页），出具单位：乐山市金口河吉鑫矿业有限公司

证　明

我公司是一家年生产石灰 18 万吨的生产企业，在 2012年至 2013 年技改期间，使用鑫河公司生产的合金渣骨料做混凝土挡墙 6800 方，窑炉耐火保温材料 5600 方。使用该材料后，经检测，混凝土强度和耐火保温性能均达到设计要求，同时降低了建设成本。

特此证明

乐山市金口河吉鑫矿业有限公司

2013 年 12 月 2 日

参考文献

［1］王惠永，吕韬，孙奉昌．中国高碳铬铁产业发展现状浅析［J］．铁合金，2016，47（02）：45-48.

［2］杨斌．基于行业发展和企业运营视角的铁合金市场特征分析［J］．铁合金，2018，49（06）：41-48.

［3］赵德义．我国铬铁行业发展概况及现状［J］．冶金管理，2018（05）：27-30.

［4］GASIK M I. Chapter 8-Technology of Chromium and Its Ferroalloys［M］//GASIK M. Handbook of Ferroalloys. Oxford；Butterworth-Heinemann. 2013：267-316.

［5］杨馥羽．铁合金学科发展动态分析与展望［J］．中国金属通报，2018（11）：4-5.

［6］吴博伟．铁合金的行业现状及发展趋势［J］．冶金与材料，2019，39（01）：166-167.

［7］JOHAN B，JORMA D. Chapter 9-High Carbon Ferrochrome Technology［M］//GASIK M. Handbook of Ferroalloys. Oxford；Butterworth-Heinemann. 2013：317-363.

［8］KOLELI N，DEMIR A. Chapter 11-Chromite［M］//PRASAD M N V，SHIH K. Environmental Materials and Waste. Academic Press. 2016：245-263.

［9］陈庆涛，宫雨金，毕建国．南非铬矿的理化性能及其在高碳铬铁生产中的使用［J］．铁合金，2016，47（04）：4-7.

［10］刘全文，沙景华，闫晶晶，等．中国铬资源供应风险评价与对策研究［J］．资源科学，2018，40（03）：516-525.

［11］刘世明．碳铬渣的开发与利用［J］．铁合金，1996（05）：44-46.

［12］张艳．从炭素铬铁渣中回收铬矿及金属的试验研究［J］．铁合金，1997（06）：25-29.

［13］李志坚，窦叔菊，孙加林．利用炭素铬铁渣制造锰铁包衬用耐火材料［J］．耐火材料，1999（01）：40-41＋48.

［14］ZELI J. Properties of concrete pavements prepared with ferrochromium slag as concrete aggregate［J］．Cement & Concrete Research，2005，35（12）：2340-2349.

［15］BAI Z T，ZHANG Z A，GOU M，et al. Magnetic separation and extraction chrome from high carbon ferrochrome slag［J］．Materials Research Innovations，2015，19（sup2）：（13-118）.

［16］汪发红，刘连新．铬铁渣的类型及应用探索性研究［J］．混凝土与水泥制品，2017（08）：24-27.

［17］白智韬，邱桂博，彭犇，等．高碳铬铁渣基微晶玻璃体系调控分析［J］．环

境工程，2019，37（01）：158-163.

［18］COETZER G，GIESEKKE E W，GUEST R N. Hexavalent chromium in the recovery of ferrochromium from slag［J］. Canadian Metallurgical Quarterly，1997，36（4）：261-268.

［19］MEHMET E，SONER A H，DENIZ T M，et al. Hexavalent chromium removal by ferrochromium slag［J］. Journal of Hazardous Materials，2005，126（1）：176-182.

［20］邱会东，杨治立，兰伟，等. 高碳铬铁渣中铬的存在形态研究［J］. 铁合金，2008，39（06）：29-31.

［21］王树轩，李宁，李波，等. 铬铁渣中水溶性六价铬浸取研究［J］. 无机盐工业，2012，44（07）：47-48.

［22］PANDA C R，MISHRA K K，PANDA K C，et al. Environmental and technical assessment of ferrochrome slag as concrete aggregate material［J］. Construction and Building Materials，2013（49）：262-271.

［23］汪发红，李波. 铬铁渣水泥固化体水溶性 Cr～（6＋）溶出规律及其水化产物［J］. 无机盐工业，2015，47（07）：52-54.

［24］汪发红，水中和. 铬铁渣替代建筑用砂的试验研究［J］. 混凝土与水泥制品，2017（07）：86-88.

［25］AL-JABRI K.，SHOUKRY H. Influence of nano metakaolin on thermo-physical，mechanical and microstructural properties of high-volume ferrochrome slag mortar［J］. Construction and Building Materials，2018，177：210-221.

［26］DASH M K，PATRO S K. Effects of water cooled ferrochrome slag as fine aggregate on the properties of concrete［J］. Construction and Building Materials，2018，177：457-466.

［27］王琪，程海丽，唐蔚妤，等. 铬铁渣透水混凝土制备及性能优化［J］. 再生资源与循环经济，2018，11（12）：32-35.

［28］戈宝武，宫志国，葛军. 用高碳铬铁渣作造渣剂冶炼锰硅合金的实践［J］. 铁合金，1999（04）：20-23.

［29］刘柏杨，马力强，杨玉飞，等. 铬铁渣重金属浸出特性及环境风险研究［J］. 环境工程技术学报，2016，6（04）：407-412.

［30］白智韬. 高碳铬铁渣制备微晶玻璃及其性能的基础研究［D］. 北京：北京科技大学，2017.

［31］LIND B B，FÄLLMAN A M，LARSSON L B. Environmental impact of ferrochrome slag in road construction［J］. Waste Management，2001，21（3）：255-264.

［32］OSMAN G，MUCAHIT S，ERTUGRUL E，et al. Properties of bricks with waste ferrochromium slag and zeolite［J］. Journal of Cleaner Production，2013，59：111-119.

［33］PRASANNA K，SANJAYA K P. Utilization of ferrochrome wastes such as ferrochrome ash and ferrochrome slag in concrete manufacturing［J］. Waste management & research：the journal of the International Solid Wastes and Public Cleansing

Association, ISWA, 2016, 34（8）.

[34] LSLAM G, VOLKAN E Uz, MEHMET S, et al. Technical and environmental evaluation of metallurgical slags as aggregate for sustainable pavement layer applications [J]. Transportation Geotechnics, 2018（14）: 61-69.

[35] 王爱勤, 张承志. 水工混凝土的碱骨料反应问题 [J]. 水利学报, 2003（02）: 117 - 121 + 128.

[36] 杨再富, 钱觉时, 唐祖全, 等. 集料-基体协调性对混凝土强度影响的试验研究 [J]. 材料科学与工艺, 2007（01）: 72-75 + 78.

[37] 冯炜, 姜福田. 水工混凝土工程质量检测与控制 [M]. 北京: 中国电力出版社, 2014.

[38] 肖峰, 冯树荣. 龙滩碾压混凝土重力坝关键技术 [M]. 北京: 中国水利水电出版社, 2016.

[39] 曾正宾, 张细, 杨金娣. 水工混凝土材料新技术 [M]. 北京: 中国水利水电出版社, 2018.

[40] 高宇, 颜玉明. 碾压混凝土及筑坝技术 [M]. 南京: 河海大学出版社, 2018.

[41] 曹诚, 杨玉强. 高强轻集料混凝土在桥梁工程中应用的效益和性能特点分析 [J]. 混凝土, 2000（12）: 27-29.

[42] 杨再富. 粗集料对混凝土强度影响的试验研究与数值模拟 [D]. 重庆: 重庆大学, 2005.

[43] 叶家军. 高强轻集料混凝土构件优化设计与性能研究 [D]. 武汉: 武汉理工大学, 2005.

[44] 何艳君, 阎振甲. 陶粒生产实用技术 [M]. 北京: 化学工业出版社, 2006.

[45] 胡曙光, 王发洲. 轻集料混凝土 [M]. 北京: 化学工业出版社, 2006.

[46] 毛锡双. 超轻页岩陶粒的制备及焙烧机理研究 [D]. 南宁: 广西大学, 2006.

[47] 陈桂斌. 轻骨料混凝土力学性能的细观数值模拟研究 [D]. 大连: 大连理工大学, 2007.

[48] 李北星, 张国志, 李进辉. 高性能轻集料混凝土的耐久性 [J]. 建筑材料学报, 2009, 12（05）: 533-538.

[49] 陆新征, 叶列平, 孙海林. 高强轻骨料混凝土结构—性能、分析与计算 [M]. 北京: 科学出版社, 2009.

[50] 姜从盛. 轻质高强混凝土脆性机理与改性研究 [D]. 武汉: 武汉理工大学, 2010.

[51] 徐杰. 污泥烧结制陶粒机理及工艺研究 [D]. 沈阳: 沈阳航空工业学院, 2010.

[52] 杨婷婷. 基于集料功能设计的水泥石界面性能研究 [D]. 武汉: 武汉理工大学, 2010.

[53] ZHANG S H, LIU L B, TAN K F, et al. Influence of burning temperature and

cooling methods on strength of high carbon ferrochrome slag lightweight aggregate ［J］. Construction and Building Materials, 2015, 93（15）: 1180-1187.

［54］ 刘辉，廖其龙，刘来宝，等. 烧成制度对高碳铬铁合金渣多孔骨料性能的影响［J］. 非金属矿，2015, 38（06）: 37-41.

［55］ 张韶华. 高碳铬铁合金渣轻质骨料的制备技术与机理研究［D］. 绵阳：西南科技大学，2015.

［56］ 刘川北. 碳铬渣基轻集料表面改性及其与水泥石界面性质研究［D］. 绵阳：西南科技大学，2016.

［57］ FARAHANI J N, SHAFIGH P, ALSUBARI B, et al. Engineering properties of lightweight aggregate concrete containing binary and ternary blended cement［J］. Journal of Cleaner Production, 2017, 149: 976-988.

［58］ NADESAN M S., DINAKAR P. Structural concrete using sintered flyash lightweight aggregate: A review［J］. Construction and Building Materials, 2017, 154: 924-944.

［59］ ZHANG L H, ZHANG Y S, LIU C B, et al. Study on microstructure and bond strength of interfacial transition zone between cement paste and high-performance lightweight aggregates prepared from ferrochromium slag［J］. Construction and Building Materials, 2017, 142: 31-41.

［60］ 班永周. 轻集料混凝土小型空心砌块的现状、存在问题和发展趋势［J］. 砖瓦世界，2017（06）: 25-26 + 26.

［61］ 扈士凯，李应权，陈志纯，等. 我国陶粒行业标准体系及污泥陶粒标准制定进展［J］. 墙材革新与建筑节能，2018（12）: 28-30.

［62］ 张高展，魏琦，丁庆军，等. 轻集料吸水率对轻集料-水泥石界面区特性的影响［J］. 建筑材料学报，2018, 21（05）: 720-724.

［63］ 胡曙光，王发洲，丁庆军. 轻集料与水泥石的界面结构［J］. 硅酸盐学报，2005（06）: 713-717.

［64］ 陈岩. 高强轻骨料混凝土配合比设计及性能研究［D］. 长春：吉林大学，2007.

［65］ 陈建武. 陶粒混凝土界面区显微硬度影响因素研究［D］. 哈尔滨：哈尔滨工业大学，2009.

［66］ 王志强，马春，韩趁涛. 碳铬渣、硅锰渣微晶玻璃的研制［J］. 玻璃与搪瓷，2001（06）: 16-20.

［67］ 肖建华. 水泥和骨料的种类对耐火浇注料性能的影响［J］. 国外耐火材料，2003（06）: 49-52.

［68］ 曹玉红. 冶金工业用不定形耐火材料［J］. 耐火与石灰，2011, 36（01）: 30-34.

［69］ 范泳，谢杰华，陶贵华，等. 水泥窑用耐火材料的发展与展望［J］. 水泥技术，2011（04）: 98-100.

［70］ 郝建璋. 钒铁渣耐火浇注料的研制与应用［J］. 耐火材料，2011, 45（06）:

433-435.

[71] 胡龙，林彬荫. 耐火材料原料 ［M］. 北京：冶金工业出版社，2015.

[72] 刘锡俊，袁林，陈学峰. 绿色耐火材料 ［M］. 北京：中国建材工业出版社，2015.

[73] 武志红，丁冬海. 耐火材料工艺学 ［M］. 北京：冶金工业出版社，2017.

[74] 于青，秦凤久，王文忠，等. 用铬渣生产镁橄榄石-尖晶石质耐火材料 ［J］. 耐火材料，1998（04）：195-197.

[75] 袁林，胡晋平. 不定形耐火材料的发展与变革 ［J］. 中国建材科技，2003（03）：38-41.

[76] 薛文东，宋文，孙加林，等. 颗粒尺寸分布对耐火浇注料性能的影响 ［J］. 稀有金属材料与工程，2007（S2）：366-368.

[77] 祝洪喜，邓承继，白晨，等. 工艺因素对镁质耐火浇注料物理性能的影响 ［J］. 武汉科技大学学报（自然科学版），2007（05）：480-483.

[78] 张登科，刘来宝，李素娥，等. 利用碳铬渣制备耐火浇注料的试验 ［J］. 中国冶金，2014，24（08）：46－50＋61.

[79] 张韶华，刘来宝，谭克锋，等. 掺铬铁渣的铝镁系浇注料的制备与性能研究 ［J］. 耐火材料，2014，48（06）：436－438＋442.

[80] 徐勇. 工业废铬铁渣在传统和低水泥浇注料中的应用 ［J］. 耐火与石灰，2015，40（01）：29-33.

[81] 崔素芬. 原料对堇青石陶瓷性能的影响 ［J］. 国外耐火材料，1998（11）：46-49.

[82] 史志铭，梁开明，顾守仁. 液相烧结中液相成分对堇青石相变和陶瓷显微组织的影响 ［J］. 清华大学学报（自然科学版），2001（10）：27-29.

[83] 任强，武秀兰. 合成堇青石陶瓷材料的研究进展 ［J］. 中国陶瓷，2004（05）：25－27＋31.

[84] 周敏. 利用铝型材厂工业污泥合成堇青石 ［D］. 福州：福州大学，2004.

[85] 沈阳. 以铝型材厂污泥为原料合成莫来石/堇青石复相材料及其应用 ［D］. 福州：福州大学，2006.

[86] 汪潇，杨留栓，刘祎冉，等. 堇青石陶瓷的研究现状 ［J］. 耐火材料，2009，43（04）：297-299.

[87] 周和平，王少洪. 低介低烧陶瓷材料的制备工艺、性能及机理 ［M］. 沈阳：东北大学出版社，2009.

[88] 朱凯. 低膨胀堇青石材料的制备与性能研究 ［D］. 郑州：郑州大学，2010.

[89] 郭伟，陆洪彬，冯春霞，等. 以稻壳为硅源和成孔剂合成多孔堇青石陶瓷的研究 ［J］. 硅酸盐通报，2011，30（02）：431-434.

[90] 袁红涛，陆平，梅东海. 烧成温度对氧化铝-堇青石导热陶瓷性能的影响 ［J］. 建材世界，2011，32（01）：1-3.

[91] 许红亮，张锐，王海龙. 陶瓷工艺学 ［M］. 北京：化学工业出版社，2013.

[92] 刘川北，张礼华，谭克锋，等. 碳铬渣合成堇青石的反应机理及结构表征

［J］．硅酸盐学报，2015，43（11）：1605-1610.

［93］吴国天，徐海燕，刘丽，等．煤矸石中杂质含量对堇青石多孔陶瓷烧结与性能的影响［J］．硅酸盐通报，2015，34（03）：670-676.

［94］张礼华，张云升，刘来宝，等．原料组成对利用碳铬渣制备多孔堇青石陶瓷性能的影响［J］．人工晶体学报，2015，44（12）：3822-3827.

［95］BAI Z T，QIU G B，YUE C S，et al. Crystallization kinetics of glass-ceramics prepared from high-carbon ferrochromium slag［J］．Ceramics International，2016，42（16）：19329-19335.

［96］LIU C B，LIU L B，TAN K F，et al. Fabrication and characterization of porous cordierite ceramics prepared from ferrochromium slag［J］．Ceramics International，2016，42（1，Part A）：734-742.

［97］韩桢．高性能堇青石陶瓷的制备及影响因素分析［D］．长春：吉林大学，2017.

［98］刘甜甜，郭伟，蒋金海．镍渣制备多孔堇青石陶瓷的研究［J］．中国陶瓷，2017，53（02）：72-76.

［99］段俊杰，李长久，姜宏．多孔堇青石的制备［J］．人工晶体学报，2018，47（06）：1293-1298.

［100］季甲，李远勋．功能材料的制备与性能表征［M］．成都：西南交通大学出版社，2018.

［101］任鑫明，马北越，李世明，等．工业废渣制备多孔陶瓷的研究进展［J］．耐火材料，2018，52（05）：396-400.

［102］邱柏欣，顾幸勇，董伟霞，等．利用铬铁废渣制备黑色陶瓷釉［J］．硅酸盐学报，2019，47（03）：396-402.